# 印度洋马尔代夫环礁发育空间特征

## ——航天遥感　融合信息　海气关联

# SPATIAL DEVELOPMENT CHARACTERISTICS OF THE MALDIVES ATOLL IN INDIAN OCEAN： SPACE REMOTE SENSING，FUSION INFORMATION，AIR－SEA ASSOCIATION

刘宝银　刘　琳　著

海洋出版社

2014 年 · 北京

## 内 容 摘 要

本书着眼于航天遥感信息及其融合，展现印度洋上纵列近千千米的马尔代夫环礁发育的不对称性，以及数以千计的珊瑚岛礁特征，无不与海气关联。本书图文并茂地一一例证了复合环礁、独立环礁及其礁坪、礁环、潟湖、口门、珊瑚岛礁等地貌体空间发育的区位特征，旨在就海平面上升，预测马尔代夫遭受环境威胁，将没于水下之说，拓展深层次的科学认知。

本书可供海洋、气象、气候、生态、环保、遥感、地质、地貌、生物、旅游等专业和部门相关人员参考使用。

**图书在版编目(CIP)数据**

印度洋马尔代夫环礁发育空间特征：航天遥感　融合信息　海气关联/刘宝银著. —北京：海洋出版社，2014.6

ISBN 978 - 7 -5027 - 8913 - 8

Ⅰ.①印… Ⅱ.①刘… Ⅲ.①环礁 – 研究 – 马尔代夫　Ⅳ.①P737.274.8

中国版本图书馆 CIP 数据核字(2014)第 139961 号

责任编辑：江　波　王　溪
责任印制：赵麟苏

海洋出版社　出版发行

http://www.oceanpress.com.cn

北京市海淀区大慧寺路 8 号　100081
北京画中画印刷有限公司印刷　新华书店北京发行所经销
2014 年 6 月第 1 版　2014 年 6 月第 1 次印刷
开本：787 mm×1092 mm　1/16　印张：11
字数：200 千字　定价：80.00 元
发行部：62132549　邮购部：68038093　总编室：62114335

海洋版图书印、装错误可随时退换

航天卫星掠过浩瀚的印度洋，揭示着马尔代夫环礁奇异的自然地理结构，复合环礁抑或独立环礁的不对称性，凸显珊瑚岛礁发育的区位特征，无不关联着海－气科学与诸多地学背景。

　　期望，穿越地质地貌发育的时－空，对大环境下环礁发育的空间区位特征，进行航天遥感信息的挖掘，集多源信息之融合，系统展现马尔代夫东、西环礁链空间信息特征的分异。由此，拙作《印度洋马尔代夫环礁发育空间特征——航天遥感 融合信息 海气关联》专著得以问世。

　　　　　　　　　　　　　　　　作者自题

# 前 言

辽阔的印度洋上,镶嵌着马尔代夫南—北纵列的奇异的珊瑚环礁链,美不胜收的珊瑚岛景观,令人流连忘返,人们期待这一奇妙的海洋世界永存于世,事实则不然,全球海平面上升、使之沉入海底的岌岌可危的论据,愈来愈凸显这一论断。

空间遥感信息展现了马尔代夫是印度洋上的一串明珠,这里被称为"人间天堂"。但是,马尔代夫的美景全部位于低海拔,全国平均高度仅 1.5 m,80% 的国土平均海拔不到 1 m。科学家已经警告,称 100 年内,马尔代夫将不再适合人类居住。

马尔代夫面临的环境现状,家住马尔代夫北部的渔民阿卜杜拉·卡迈勒深有体会地说,两年前他和妻子以及 8 个孩子的家距离大海约 50 m,中间隔着草地和沙滩。可现在,沙滩已经被上升的海平面吞没,不少邻居的房屋也被海水摧毁。对此,马尔代夫高层领导人如是说,我们是海平面上升最直接的受害者,我们要做准备,不想看到我们的后代变成环境难民。

马尔代夫的空间遥感信息表征了地质构造控制下的珊瑚环礁之发育,呈现了复合环礁抑或独立环礁的区位、形态、大小、礁环、潟湖、封闭性、口门、礁坪、水深、水色、透明度、珊瑚岛、发育走向等,无不与大环境、局域海气的条件呈现关联性。

环礁地貌体主体方位发育的不对称性及其在纬度上的演化,经度上的偏移,反映了环礁气候地貌体发育机制的规律。对此,来自航天遥感时序性与大空间同步性、高分辨率的信息可用性等,为马尔代夫环礁形成及其发育机制的深入调研,创造了条件。

纵观印度洋,其中分布着南北走向由大洋中脊突出形成的三个岛链:西部群岛(索科拉岛、马达加斯加岛、塞舌尔群岛)、中部群岛(拉克代夫群岛、马尔代夫、斯里兰卡)和东部群岛(安达曼群岛、尼科巴群岛、苏门答腊岛)。其中,马尔代夫是印度洋上的群岛国家,南北长达 820 km,东西宽 130 km。由 26 组自然环礁、1 192 个珊瑚岛组成,分布在 90 000 km² 的海域内。岛屿平均面积为 1~2 km²,地势低平,平均海拔 1.2 m。位于赤道附近,具有明显的热带气候特征。

当前,对于马尔代夫生存的环境威胁,有不尽相同的科学论点。如,德国法兰克福大学的研究人员绘制出了最后一次冰河期结束后马尔代夫群岛的海平面曲线图,描绘出过去一万年间马尔代夫群岛的变迁。

研究指出,在马尔代夫群岛附近获取的岩芯,发现一万多年前,由于北半球冰盖大量融化,马尔代夫群岛的海平面以 15 cm/ka 的速度急剧上升。而同一时期,马尔代夫地区的珊瑚岛礁也快速生长,因而没有被海水淹没。在大约 6000 至 7000 年前,海平面上升速度急剧减缓。而在过去 6000 年中,海平面上升速度再次下降到平均 25 cm/ka,在这一时期,马尔代夫地区可能首次出现了一批岛屿。在一般情况下,珊瑚礁的生长速度应该赶得上未来 100 年海平面上升的速度,但两种因素对珊瑚礁的生长有极大负面影响:一是全球极端高温天气会破坏珊瑚礁;二是大气中二氧化碳浓度增强会增加海洋的酸性,对珊瑚礁群的架构造成不利影响。对此。马尔代夫群岛将来是继续存在,还是像印度洋和太平洋沿岸的许多暗礁小岛那样沉入大海的问题,尚有待研究揭示。

全球变暖,亦如 Brown(1997) 证明,表层海水温度急剧的升高,将对许多珊瑚礁造成更不良的状态,产生严重的威胁。1998 年发生史无前例的全球珊瑚礁白化事件,使人们产生严重的忧虑。悉尼大学科学家 Hoegh - Guldberg 通过计算机模拟声称,除非全球变暖将被抑制,否则珊瑚白化将更频繁,并强烈地发生。

正如科学所表述的,马尔代夫属热带雨林气候,无四季之分。地处赤道,受季风影响,全年温暖,极少出现强烈的暴风雨与龙卷风。马尔代夫的气候很大程度上由季风决定,岛上主要有两种季风,5—10 月西南季风期间为湿润季节,平均降水量最大,风浪大;11 月至翌年 4 月为东北季风期,属干燥季节,湿度较小,少风雨。

由于印度洋与亚洲大陆的交互作用,随着季节的变化,印度洋北部形成热带季风气候,进而形成世界上特有的季风洋流。洋流直接受大气环流的制约,它不仅影响海水的温度,也是影响气候的一个因素。印度洋中的洋流，以北部的季风暖流最为特殊。由于这里的冬季风主要为东北风，因此，使得印度洋北部形成冬季的逆时针环流。夏季情况则与冬季相反，由于强劲的西南季风，驱使印度洋北部表层海水形成顺时针环流。

如上所述，马尔代夫海域中，地质构造控制下的珊瑚环礁之发育，呈现的复合环礁抑或独立环礁的区位、形态中多元自然要素等特征，无不与大环境、局域海气条件相关联。基于此，笔者对环礁多元要素的信息量化、礁坪发育的主导方向、珊瑚岛发育趋势、主信息与季风的耦合规律以及东、西环礁链在南、北纵列方向上，环礁的封闭性演变等，予以图文并茂地一一解译分析。

在撰写与出版本书过程中，国家海洋局第一海洋研究所海洋与气候研究中心于卫东教授予以大力支持，并与刘永志、方越、黄晓航等教授进行了有益的讨论；刘静如女士进行了不辞辛苦的测算。对此，笔者一并表示衷心谢意！

限于作者知识水平与资料关系，书中错误之处，请读者不吝批评指正！

刘宝银　（E－mail： hyliuby@ sina . com. cn）
刘　琳　（E－mail： liul@ fio. org. cn）

2014 年阳春三月于青岛
国家海洋局第一海洋研究所

# 目　次

# 第一章 马尔代夫地理空间格局与大环境

## 第一节 概　　述

### 1. 地理环境背景

马尔代夫为印度洋上群岛国家。位于 7°06′N—0°41′S,72°32′E—73°45′E 之间。地处赤道附近,东北相距印度南部达 324 n mile,相距斯里兰卡西南部约 405 n mile。

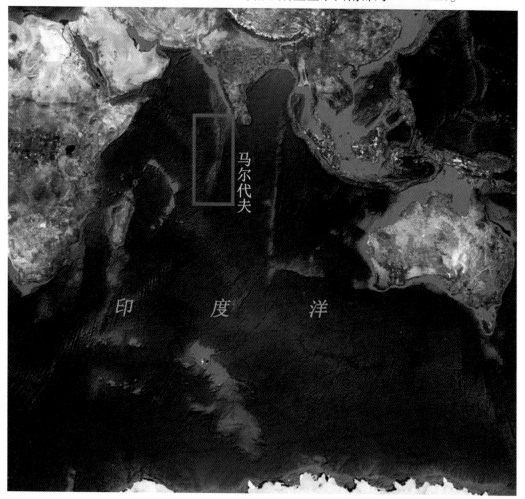

图 1.1　印度洋上马尔代夫地理空间位置图示

图 1.2　马尔代夫环礁空间分布图示

邻近亚洲大陆,以印度半岛西侧向南的查戈斯－拉克代夫(Chagos－Lacadives)海台最为突出。此海台南北延伸达 2 162 n mile,海台水深一般不超过 1 800 m,其中查戈斯、马尔代夫和拉克代夫三群岛大多是在海台上发育着珊瑚礁岛屿。

其中,马尔代夫系南—北纵贯的双链的珊瑚环礁,占印度洋海域近 10 万 km²。北面隔八度海峡与拉克代夫珊瑚群岛相对,南面相隔约 270 n mile 为查戈斯群岛。南北长达820 km,东西宽 130 km,有大小 26 组自然环礁、1 192 个珊瑚岛组成,陆地面积 298 km²。其中,119 个岛屿有人居住,岛屿平均面积 1～2 km²,地势低平,平均海拔 1.2 m。贯穿南部环礁链中,有东—西走向的赤道海峡与一度半海峡。

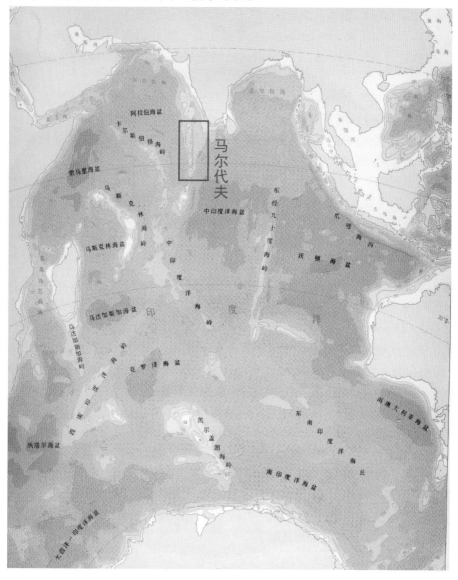

图 1.3　马尔代夫地处阿拉伯海盆与中印度洋海盆之间图示

马尔代夫是亚洲第二小国,也是世界最大的珊瑚岛国,并是世界上地势最低的国家,亦是世界上受气候变化影响最为严重的国家之一,其自然陆地表面最高点仅 2.4 m。历史上第一次出现有关马尔代夫的记录可追溯到公元 150 年,许多来自东非、阿拉伯国家的主要船只停靠这里,进而留在岛上居住。

马尔代夫拥有独特的珊瑚礁地貌,由大大小小的珊瑚环礁形成特有的珊瑚环礁岛群,并发育完整的复合环礁,直径从几千米到数十千米不等,透明度很高的清澈海水,破碎浪冲击着礁坪的外缘,致使空间遥感极易获取隐伏在水下的珊瑚礁信息。

马尔代夫拥有世界第七大珊瑚礁体,总面积占全世界珊瑚礁体的 5%,拥有西印度洋上最多元的珊瑚礁。如今全球气候变暖,对马尔代夫自然环境有着严重影响。从 19 世纪末以来,海平面将上升 60 cm,珊瑚礁加速死亡。一些学者预估到 2100 年,海平面会从 0.09 m 升至 0.88 m。鉴于马尔代夫 80% 的珊瑚岛处于低于海平面 1 m,珊瑚环礁最高通常为海平面 3 m 之上,面临着很多环境困惑,许多珊瑚岛已遭受到海水泛滥与海岸侵蚀,威胁到马尔代夫的生存。

环礁易受风、洋流和潮汐的侵蚀,不同季节呈现着不同形状,显示出一些沙洲或宽阔海滩与其他时期完全不一样的景观特色。

2004 年的南亚大海啸中,马尔代夫 40% 的国土被海水淹没,10 万人接受救援。如果预测准确,大约 50 年后,将面临更加严峻的局面。

健壮的珊瑚礁能够自我向上生长,并抵消海平面的升高。如果海温升得太高,为珊瑚虫提供营养的共生藻类将会大量死亡,从而影响了珊瑚虫的生长。如 10 年前,一次厄尔尼诺现象的发生使海面温度持续升高,印度洋一些海域珊瑚虫死亡率达到 70%。

### 2. 马尔代夫环境气候

马尔代夫无四季之分,属热带雨林气候。地处赤道,受季风影响,全年温暖,极少出现强烈的暴风雨与龙卷风。白天气温持续在 29～32℃,夜间气温 25～26℃,年平均气温 28℃,年平均降水量 2 143 mm。通常最热的月份为 4 月,最冷的月份为 12 月,最干燥季节是 2 月。

马尔代夫的气候很大程度上由季风决定。岛上主要有两种季风,分为 2 个时期。每年 5—10 月的西南季风期为湿润季节,也是平均降水量最大月份,这期间风浪大;而东北季风期,每年 11 月至翌年 4 月为干燥季节,天空晴朗,湿度较小,很少刮风下雨。

整个 1—4 月比较干燥,5 月、6 月为降雨量最高的季节。12 月的第 3 周直到翌年 3 月底,为最好的季节;最差的季节从 5 月中旬到 7 月初。随着气候变化,亚热带季风湿润性气候与冬季季风气候不再明显。因此,在干燥季节或能有一些微量降雨,雨季间或会有晴天。

马尔代夫白天与夜间时长几乎相同,每天下午 6 点(马累时间)天开始变黑。海水的温度持续在 28～30℃ 之间;11 月至翌年 3 月海水清澈。

马尔代夫政府正逐步实施一些岛屿"垫高工程",海滩将被树木与灌木垫高,中心居民区用垃圾垫高。有必要马尔代夫将迁移。

# 第二节　马尔代夫处于印度洋季风洋流中

已有研究表明,由于印度洋季风洋流上的海陆热力性质差异等原因,在南亚形成世界典型的季风(大气)环流。冬季,在亚洲冷高压南侧的印度一带,来自北面的气流偏转形成的东北季风,迫使印度近岸海域的海水不断自东向西流的同时,使相邻海域海水的补偿作用,从而在广阔的北印度洋海区形成反时针方向流动的冬季洋流环流。夏季,来自印度洋的暖湿气流,沿着亚洲大陆上的印度低压南部边缘以西南风吹到印度一带。此时,赤道低气压带也已移至北半球,使南半球的东南信风也随之向北越过赤道,在地转偏向力影响下向右偏转,也转变为西南气流,从而助长了印度一带西南季风的势力。于是,强劲的西南风扭转了冬季洋流的方向,使近岸海水改向自西往东流,并由于海水的补偿作用,在北印度洋较大范围海区,转变成顺时针方向流动的夏季洋流环流。

诚然,马尔代夫区域处于印度洋季风洋流中。一年里,盛行季节有规律地向相反方向变换风向的季风,形成北印度洋随季节而改变流向的季风洋流,影响着马尔代夫环礁的发育。而马尔代夫礁环的发育特征,也显示了印度洋季风环流在此海域海 - 气特性。

一些学者的研究表明,形成和影响印度洋气候的因素包括:太阳辐射、大气环流、洋流性质和海陆分布等方面。在印度洋北部,由于与亚洲大陆的毗邻,随着季节的更替,海陆温压的变化,形成世界上最显著的热带季风气候。冬季,亚洲大陆上空气压上升(最高达 1 036 mb)[①],使印度洋北部形成东北季风;夏季,大陆上气压下降(最低至 997 mb),形成西南季风。冬季风出现在 11 月到翌年 3 月,以 12 月到翌年 1 月最盛,季风稳定性可达 70% ~ 80%,经常风力为 3 ~ 4 级。夏季风出现在 6—10 月,以 7—8 月最盛,这时季风的稳性超过 80%,而且风力也较冬季风为强。北印度洋的这种冬、夏季风交替变换,反映了大陆性气团和海洋性气团的推移消长。当冬季东北季风强盛时,正是亚洲大陆性气团南侵的结果,因此,在此期间,印度洋北部海域气温降低,降水较少;反之,当北半球进入夏季时,从赤道以南的东南信风扫过高温高湿的赤道海域,进入印度洋北部转为西南季风,因此,在此暖热而饱含水汽的赤道海洋气团控制期间,气温增高,降水量大大增多。

诚然,洋流直接受大气环流的制约,它不仅影响海水的温度,同时,它也是影响气候的一个因素。印度洋中的洋流,以北部的季风暖流最为特殊。

综上所述可知,北印度洋是世界最大的季风气候区,每年 1 月至翌年 3 月盛行东北季风,5—9 月盛行西南季风。4 月、10 月为季风转换季节。西南季风比东北季风持续时间短、风力强、范围大。平均风速 6 ~ 8 级 以上大风频率,北部较小,中部最大,南部赤道附近为最小。东部小,西部大,西南季风时期平均风速 6 级以上大风频率较小,季风转换季节最小,没有出现 6 级 以上大风频率,西南季风时期最大,平均风速为 5 ~ 12 m/s,6 级以上大风频率为 10% ~ 65%,相应风浪也大;北印度洋能见度一般较好,各月能见度大于 10 km 的频率大多在 95% 以上;小于 4 km 的频率在 2% 以下,各月雾频率较低,一般在 5 % 以下。北印度洋雷暴分布规律为:海区北部雷暴频率小,南部大,西部小,东部大;据报,北印度洋热带气旋生成源地集中在 50°—20°N,80°—90°E 之间的海域,北印度洋生成的热带气旋年平均值为 10.3 个,其中达到热带风暴、强热带风暴和台风强度的年平均 5.6 个,是全球最少的,而该区域热带低压却是全球最多的。

反观气候对马尔代夫环礁地貌发育的影响,可称为季风地貌学特点。即不同气候条件下外力作用与外力组合特点以及随之而形成的环礁地貌系统的特征及其过程。对此,将在下面章节里予以详细阐述。

---

① mb 是非法定计量单位,1 mb = $10^2$ Pa.

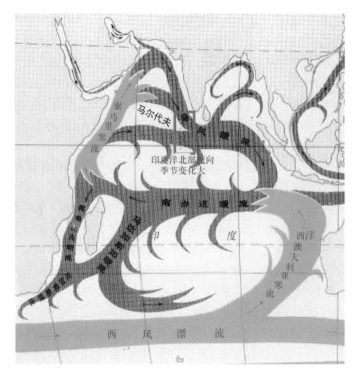

图 1.4　北印度洋环流图示

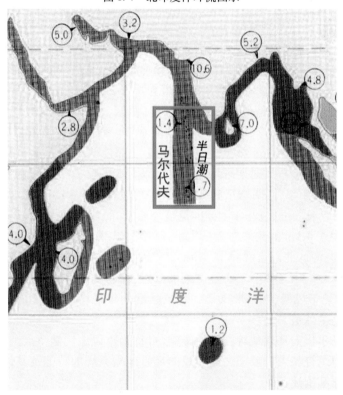

图 1.5　马尔代夫半日潮流类型图示

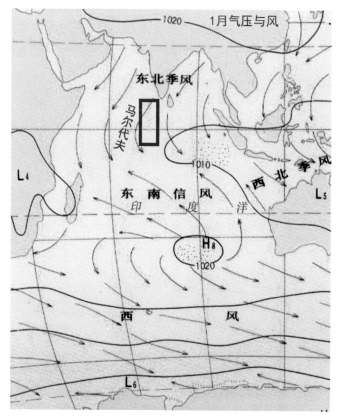

图1.6　环马尔代夫海域1月气压与风图示（朱鉴秋，1996）

# 第三节　马尔代夫面临的环境困惑

已有研究报道,全球变暖引起了海面上升是一个复杂的问题。1990—2100年海面上升0.5 m,平均升高4.5 mm/a。当考虑未来$CO_2$排放量有增加的趋势,110年(1900—2010年)的时间里海面上升0.5 m左右是完全可能的。0.5 m海面的升高对大洋中的环礁和台礁岛会产生严重影响,但是,珊瑚礁岛对海面上升的反应,则依赖于珊瑚礁上的生物是否能生产足够的物质来补偿海面升高。

现代珊瑚礁是经历了第四纪以来多次冰期和间冰期大幅度海平面变化的产物。对此,海平面上升速率与珊瑚礁生长速率对比,据政府间气候变化专业委员会(IPCC)2001年专门报告预测,到2100年全球海平面上升值达到9～88 cm,其上升速率为0.09～0.88 cm/a。海平面上升是一个连续过程,而珊瑚礁为适应海平面变化也会有一个相应的持续生长过程。

马尔代夫可以住人小岛仅有250个,在首都马累2 km²的土地上,居民大约10万人。全国最高的两座岛屿距离海平面也只有2.4 m。对此,据联合国报告预测,由于全球变暖导致冰川融化,海平面到2100年将比现在上涨25～58 mm。鉴于马尔代夫1 192个珊瑚礁岛中大部分国土仅比海平面高出1.5 m,海平面的逼近将令该国岌岌可危。在2004年的南

图 1.7　环马尔代夫海域 7 月气压与风图示(朱鉴秋,1996)

亚大海啸中,该国一度有 2/3 的国土惨遭淹没。

正如马尔代夫总统纳希德在接受英国《卫报》记者采访时,谈到该国应对全球变暖的"保险政策",如是说,我们靠自身的绵薄之力是无法阻止全球变暖的,不想离开马尔代夫,但我们也不想沦为"气候难民",只能到别处购买土地,这是预防最糟结果的"保险政策"。马尔代夫政府正逐步实施一些岛屿"垫高工程",海滩将被树木与灌木垫高,中心居民区用垃圾垫高。有必要时马尔代夫将迁移。

正如图 1.8 与图 1.9 所示,马尔代夫低平的环礁,其地势上的弱势,存在海面上升对它的潜在威胁。

据报,海平面上升给马尔代夫带来灾难性的生存问题,如:

① 潟湖海水与礁坪外海水搭接,随着向暗礁方向延伸,海水慢慢变深,呈现出深蓝色。

② 正如上述,鉴于马尔代夫最高处仅比海平面高 2.44 m,随着冰盖融化,受到海平面上升的严重影响,该国就会面临沉入海底的威胁。对此,如果联合国国际气候变化委员会(IPCC)的预测正确,到 2100 年海平面可能会上升 1.4 m,到 21 世纪末,该国 1 192 座小岛中的大部分将被海水淹没。

③ 一些论断指出:棕榈树根裸露,海滩不复存在,被连根拔起的椰子树横躺在海滩上;曾经非常广阔的珊瑚沙滩萎缩变小,有的宽度仅有数米;因为海水从空气中吸收了更多的

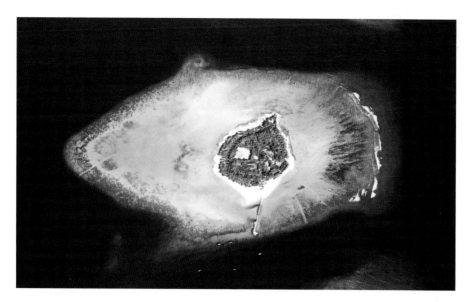

图 1.8　空间遥感信息表征海水环抱着马尔代夫低平珊瑚岛上,涨落的潮水游荡在礁坪之上

图 1.9　马尔代夫珊瑚岛礁坪上浸泡海水中的高脚屋(刘永志,2013)

$CO_2$,所以海水的化学成分发生了变化。有人指出,海水中 $CO_2$ 含量的增加与气候变化产生的影响一样大;海水的 pH 值下降了大约 0.1,并且到本世纪末,海水的 pH 值有可能再降 0.3~0.4;$CO_2$ 含量增大,使海水酸性增强,种种迹象表明海平面不断上升的趋势。

　　不过,另有一种论点。德国法兰克福大学发表公报说,通过研究在马尔代夫群岛附近获取的岩芯,该校研究人员绘制出了最后一次冰河期结束后马尔代夫群岛的海平面曲线图,描绘出过去一万年间马尔代夫群岛的变迁。这一成果有助于研究马尔代夫群岛未来的"沉浮"命运。研究人员指出,在一般情况下,珊瑚礁的生长速度应该赶得上未来 100 年海平面上升的速度,但两种因素对珊瑚礁的生长有极大负面影响:一是全球极端高温天气会破坏珊瑚礁;二是大气中 $CO_2$ 浓度增强会增加海洋的酸性,对珊瑚礁群的架构造成不利影响。

显然,无论持有不同的观点,其科学依据与海气均是密切相关的。

在这里,不妨引自新浪科技报道(2010),佐证上述论据是有益的。

据美国宇航局官网报道,国际空间站宇航员近期拍摄了马尔代夫群岛马累环礁的一张特写照片,生动地说明马尔代夫共和国是受到海面平上升威胁最严重的国家之一。

印度洋赤道附近通常应该是蓝色的海水,但在本图像中海水却呈现出银白色调,甚至还有些粉红色的闪烁光泽,就是太阳耀光现象。完全的太阳耀光通常会在海面形成亮银色或白色色调。太阳耀光的照片也会根据海面的粗糙程度以及大气状况而呈现不同的色彩。

太阳耀光照片可以揭示通常不可见的水循环的无数细节。该图像拍摄的时间恰好是印度洋东北部的季风期间。该地区的大风使得如图像1.10所示,一些小岛之间以及下风处的海面上形成了错综复杂的图案。在每一年的大部分时间里,一个南向洋流都从海洋深处流经马尔代夫。此外,在群岛附近的浅水区内进进出出的本地潮汐脉冲的作用下,形成了许多扇形的表面洋流(图像的顶部和底部)。

图像中心最大的岛屿长约6 km,它是构成马累环礁的外圈较大列岛之一。马累环礁呈椭圆形,长约70 km,面向深水区的海岸拥有鲜明的海滩。在图像的右侧,有无数小型的、椭圆形珊瑚礁位于东北部的浅水区内。这些小岛在涨潮时,几乎与水面齐平,只露出小小的一块干地。宇航员在拍摄本图像时,一条小船恰好正航行于小岛之间。这是通过小船在海面上划出的V字形尾迹看出来的(图像右侧)。

综上所述表明,马尔代夫国是受到海面平上升威胁最严重的国家之一。这张编号为ISS022 – E – 24557的图像拍摄于2010年1月12日,所采用的相机是尼康D3数码相机。图像由国际空间站第22远征队宇航员所拍摄,由约翰逊航天中心的国际空间站地球观测实验和图像科学与分析实验室所提供。图像已经经过处理,以提高对比度。国际空间站非常支持实验室帮助宇航员拍摄地球照片,他们认为这对于科学家和公众来说都极具价值。

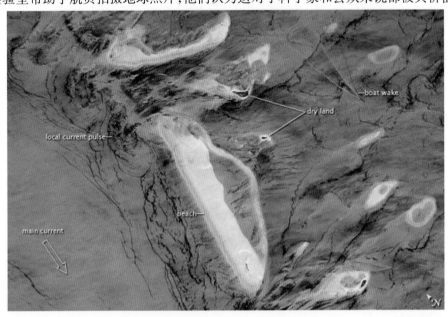

图1.10　编号ISS022 – E – 24557图像拍摄于2010年1月12日

(国际空间站第22远征队宇航员所拍摄)

# 第二章　珊瑚环礁基础信息特征与遥感

## 第一节　珊瑚与珊瑚礁

### 1. 珊瑚礁

由于珊瑚礁只有在热带才能形成,它通常被人们看作为热带海洋环境的标志。珊瑚礁在海洋群落中独具特色,它完全是通过生物本身的活动建成的,而珊瑚礁石由大量碳酸钙沉积形成。通常所指的造礁珊瑚即是构成珊瑚礁的那类珊瑚,造礁珊瑚组织中有一称之为虫黄藻(zooxanthellae)的小型共生植物细胞,只能生活在热带地区。

### 2. 珊瑚礁分布的局限性

珊瑚礁基本分布在表面水温达20℃的海域中。对此,Wells(1957)研究表明,年最低温度低于18℃时,珊瑚礁就不能发育。年平均水温在23~25℃时,珊瑚礁发育最好,珊瑚礁能耐受的温度约在36~40℃。

珊瑚礁生长限在一定的海水深度,通常水深超过50~70 m时就不能发育。大部分珊瑚礁能在25 m或25 m以下的水域生长。这是因为造礁珊瑚对光的需求,珊瑚组织中的虫黄藻要有足够的光尚能进行光合作用。有了足够的阳光,珊瑚才能分泌碳酸钙形成礁石,补偿点约在光强为水面光强15%~20%的深度。

盐度对造礁珊瑚的发育也有限制作用,海水盐度在32.00~35.00范围,珊瑚礁才能得到很好的生长。

水中悬浮物质或珊瑚上的沉积物均影响珊瑚礁发育,沉积物不仅能将珊瑚窒息,还可能堵塞珊瑚的摄食器官,同时能减弱珊瑚组织中虫黄藻的光合作用率。所以,有强烈沉积作用的水域,珊瑚礁发育就很缓慢。

当珊瑚礁处在强波浪海区时发育很快。珊瑚群体靠巨大坚硬的碳酸钙骨骼能防御波浪的破坏作用。但是,波浪作用除不断地为珊瑚群体供给含氧的海水和阻止物质的沉积作用外,还能使珊瑚得到充分的浮游生物饵料。

需要提到的是,一旦珊瑚礁长期处在空气中,大部分珊瑚都会死亡,所以珊瑚礁生长高度在最低潮位上。

### 3. 珊瑚的构造

珊瑚礁中的主要生物是珊瑚虫,珊瑚虫属刺胞亚门的生物,它能向外分泌一种含有碳酸钙的物质,并有群体或单体之分,但造礁珊瑚基本都是群体的。它们由位于大骨骼小杯斗中的各种各样的单体珊瑚虫构成。每个杯斗即珊瑚朵中有一系列从基部伸出的刀状隔板,它随着珊瑚水螅体腔肠内隔膜状况而变化,并以其不同的样子来区分不同种的珊瑚。每一个水螅体均具有双层结构。口的周围有一系列触手,上面长着一组刺囊或刺细胞,用以捕捉浮游动物。珊瑚群体靠水螅体以无性出芽生殖的方式长出新的水螅体,不断进行生长。新的群体通过有性生殖产生的浮浪幼体的定居而建立起来。

## 4. 造礁珊瑚生物学

从造礁珊瑚生物学可获知珊瑚礁本身的生态学知识。对此,作一逐项分述。

**营养**  造礁珊瑚系食肉动物,其靠触手来刺伤和捕捉小型浮游动物。造礁珊瑚以数百乃至数千个体组成的群体,加大捕食面积。并且通过自身外表皮纤毛所产生的黏液,来清除在体表上的沉积物。根据 Johannes 等(1970)测定结果表明,能被珊瑚利用的浮游生物数量只占其整个食物需求量的 5% ~ 10%。对于其余食物的来源,有人提出是珊瑚组织中的虫黄藻。对此,Muscatine 和 Cernichiari(1969)用放射学同位素示踪法证明,虫黄藻光合作用中固定的有机物被转移到珊瑚中,成为珊瑚的养料。

**生长和钙化作用**  光是珊瑚快速生长的重要因素,当珊瑚长期得不到足够的光照,会导致其死亡。Goreau(1961)发现虫黄藻能显著的提高珊瑚钙化作用率和群体生长率,其中迅速的钙化作用可抵御外界对珊瑚礁的破坏。因此,虫黄藻在珊瑚礁的生态系统中有着重要的作用。

不同种、不同年龄以及同一地区且不同位置上的珊瑚群体生长率是不同的。通常年轻的小群体较较老的大群体生长快;分枝和叶状珊瑚较块状珊瑚生长更快些。Cornell(1973)认为珊瑚礁上大部分珊瑚群体的年龄约 10 岁或更年轻,而一些特别的大型块状珊瑚,在其形成的小珊瑚环礁上,年龄达百岁甚至更大。由此说明,珊瑚的年龄比通常珊瑚礁上大多数珊瑚群体的年龄要大得多。

不同地区珊瑚礁的生长率不尽相同,据 Stoddard(1969)研究报告,珊瑚礁每年向上生长的幅度为 0.2 ~ 8 mm。至今,对大部分珊瑚礁生长率的测量是按其地形在数年间的变化来推导的,或利用地质资料,如测定石灰岩沉积厚度推算出来的。

在珊瑚礁上不同位置的同种珊瑚,生长状况也有较大差异。如一种珊瑚在深水区比在浅水区显得薄而细长,这可能是钙化作用不足的缘故。波浪作用将分枝种类的珊瑚分枝变为又短又粗;海流作用则使珊瑚分枝形成明显的线状排列。

**性成熟和繁殖**  珊瑚具有有性和无性两种生殖方式。无性生殖是从亲体的芽体上长出新个体,连续不断地出芽为增大群体的一种机制,但不是产生新的群体。而有性生殖则会产生类似浮游生物的浮浪幼体,这种幼体固着下来,便发育成一个新的群体。据报道,大部分珊瑚在 7 ~ 10 龄的时候性成熟。珊瑚可能是雌雄同体的,亦可能是雌雄异体。受精作用通常在雌体的腔肠中进行,受精卵通常在体内发育至浮浪幼体阶段后才进入水中。浮浪幼体释放出来后就在水中游动,在其固着并发育成一个新群体前要游多久尚不清楚。成体珊瑚过着固着的生活,靠浮浪幼体来扩大它们种的分布区域。

## 5. 珊瑚礁生态学

已如所知,珊瑚礁系统要比静态系统复杂得多。这个系统的大小与变化是各种生物的和物理的力量之间相互作用的结果,珊瑚礁可能是海洋环境中最为复杂的系统。

在珊瑚生长的旺盛地区难以找到空地,均被珊瑚全部覆盖着。这里存在着珊瑚之间为空间和光线需要的生存竞争。如分枝珊瑚群体的生长之快,使生长缓慢的块状和薄壳状珊瑚得不到光线照射就将死亡,这属于一种间接竞争。对此,Lang(1973)研究发现,缓慢生长的珊瑚能从它们的腔肠中向外伸出细丝,这些细丝一旦碰到其他种类珊瑚群体活组织,可将该组织消化掉,从而杀死那里的珊瑚群体,这是一种直接竞争。这种种间竞争保持了珊瑚种类的多样化,即为一种共生现象,珊瑚礁上共生现象比其他地方普遍得多。

在珊瑚礁上的捕食作用和摄食作用内容,对珊瑚礁的生态学研究虽是重要的,但离本书主要内容较远,就不在此赘述了。

## 6. 藻类在珊瑚礁系统中的作用

藻类虽然是珊瑚礁系统中的初级生产者和各种食草动物的食物,但其在珊瑚礁各区带中有着不同的作用。如薄壳状的红色珊瑚藻和石灰藻通过不断地将各种各样的碳酸钙碎片粘结在一起,从而增加了珊瑚礁骨架的强度,减小了波浪的破坏作用,并能阻止碎片离开珊瑚礁,营造较平静的环境,有利于其他生物在礁坪上的生长。另有一种钙质藻,如绿藻对珊瑚沙粒有重要的贡献,并形成一种特殊的生境类型。

## 7. 珊瑚礁的组成

珊瑚礁上主要生物是珊瑚虫,同时也有与珊瑚礁有关的其他生物,但珊瑚虫形成了珊瑚礁的基本结构。就珊瑚礁的生态构造来说,除了石珊瑚外(石珊瑚目),诸如柳珊瑚(gorgonians)的珊瑚虫纲近亲海扇(sea fans)和海鞭(sea whip),即刺胞亚门动物对礁石的形成也有较大的贡献。

珊瑚藻如同珊瑚,也能沉积碳酸钙,但它也可以在礁石上铺开,形成一薄层的碳酸钙壳层,把各种碳酸钙碎片粘结在一起,形成了一个坚固的屏障,并能够抵御波浪的破坏作用。另有一些直立生长的非珊瑚藻类,虽然也分泌碳酸钙,但不能在礁石上形成壳层的藻类,珊瑚礁中大量沙粒即是这类直立藻类断裂形成的。

礁石上的各种软体动物对碳酸钙沉积也有较大的贡献。另有一些棘皮动物如海胆、海参和海星等是珊瑚礁上数量较大的生物;而鱼类对珊瑚礁系统的建造亦有重要的贡献。据报道,珊瑚礁上还可能有大量的细菌,对促进物质的分解与加速物质循环起着重要作用。

## 8. 生产力

由于珊瑚礁上有大量的生物,业经研究表明,那里的初级生产力约达 1 500 ~ 3 500 g/($m^2 \cdot a$)(以 C 计)。对此,有人指出珊瑚礁上能进行光合作用的植物组织数量很大,其中虫黄藻为极其有效的自养生物,珊瑚礁上所有珊瑚体内均有这种海藻,它们构成了重要的生物能量,并把全部养分控制在系统内部进行循环。

珊瑚组织中的虫黄藻就是参与这种循环而又不被丢失。进入珊瑚组织中的海藻不会由于波浪的作用而被冲刷离开珊瑚。同时，珊瑚代谢作用产生的养分又直接被这种藻类利用。珊瑚礁上自由生活的藻类大部分含有碳酸钙，使其体重增大而不易被冲刷离开珊瑚礁，从而保证了未来各代都能得到珊瑚礁养分的滋养。另有大量的细菌可把死亡的生物尸体迅速分解成可用的养分，并储留在珊瑚礁上。研究表明，珊瑚环礁也像岸礁和堡礁那样，生产力很高。

## 9. 珊瑚礁区带

珊瑚礁有着各种各样的生境，使之珊瑚礁区生物具有多样性的特点。对珊瑚环礁而言，区带情况要比岸礁和堡礁复杂，但却是稳定的。

珊瑚环礁的发育和区带的形成受约于盛行风引起的波浪强烈而明显的影响。其横截面可显示出不同的礁带特征，这是珊瑚礁不同的部位处在迎风面，或处在背风面所决定的。

由迎风面开始，首先是向海坡，该区段约从 50 m 水层开始才有较多的活珊瑚，但数量较少。在 15 m 水深处地势渐缓，逐往上到水面的珊瑚生长旺盛，这一区带是波浪作用最强烈的地带。对此，可细分如下：

**珊瑚环礁外缘礁带** 这一地带处于迎风面，特征是能形成珊瑚－海藻悬礁或沟漕，向外延伸到波浪作用区，向下发展抵达台地。悬礁陡坡和珊瑚礁上的潮流通道与深水沟不规则的分布区，称之为悬礁沟漕区。在这里有利于主要造礁珊瑚中的鹿角珊瑚的生长，珊瑚礁的快速发展最适宜。

**藻脊区** 该区位于珊瑚环礁外缘礁带的内侧，无珊瑚，只有一层珊瑚藻覆盖着的平滑藻脊。因其受到波浪强烈的作用，这里除珊瑚藻外，实际上无其他生物。

**浅水礁坪** 由于这里的温度、浊度与光线等出现梯度变化，加之水深的变化和珊瑚岩与沙等基质构成了多样化生境，所以礁坪也是珊瑚环礁上生物种类较多的区域之一。但其靠近藻脊区有利于珊瑚的生长，但在碳酸钙沉积活跃区，珊瑚生长不好，并越来越少。

**潟湖礁** 其沿着潟湖边上分布，而斑礁和尖礁则是从潟湖底长至水面。

**潟湖** 其深度通常不到 50 m，处于珊瑚生长的范围内。但与迎风面相比，由于波浪作用和水交换作用不大，而沉积作用却很明显，这里的珊瑚生长只局限在条件较好的地方。往往大片潟湖底没有珊瑚生长，但当潟湖底床为大面积的沙质时，有可能出现海草床或绿藻床。

**背风面礁坪** 其宽度相对迎风面礁坪窄，由贫瘠的沙砾区和珊瑚生长弱区与潟湖礁分开。它与海面边缘与迎风面边缘相类似。藻脊通常发育不好，并缺乏潮流通道或陡坡。从朝海面边缘一直延伸到 15～20 m 水深处，有生长良好的各种各样的分枝片状珊瑚，因这里没有波浪的强烈作用，由此再往下即系礁坡。

## 10. 珊瑚礁的类型

已如前述，中央为潟湖的珊瑚环礁，人们按照珊瑚礁与水面相对位置的关系划分成五类，即暗滩、暗沙、暗礁、沙洲和岛屿。

**暗滩** 位于水下较深处的珊瑚礁，有的深达 15 m 以上，表面广阔而平坦，活生珊瑚已很少。

**暗沙** 暗滩向上生长,一旦其距离水面较近,如水深为 8~25 m,且滩面有沙砾堆积,能通过波浪变形,在海面表征其存在的位置。

**暗礁** 接近于水面,水深一般在 4.5~8 m 之间,大多系新生的珊瑚礁,退潮时多有露出水面,其上往往有大礁块或岩石矗立。

**沙洲** 在新近浮出海面的珊瑚礁上,具有浅沙一层所称之的沙帽,海拔高度很低,常受到潮水冲刷,大风浪可将其淹没,其上多砾质,植被也少。

**岛屿** 岛屿为固定的沙洲,高于水面,但海拔高度较低,岛四周环绕有白色的沙滨,面积很小,平坦的顶上覆盖有珊瑚沙。上有淡水层保存,且多有鸟粪层与繁茂的植物生长。

当海平面变化或珊瑚向上生长乃至植被的发育等一定条件下,这五类密切相联系的珊瑚礁就可发生转化。如暗滩上发育有暗沙,暗沙上发育有暗礁,即有的暗沙现已部分浮露于水面,逐转化为暗礁。

"群礁"发育的多样性,如类似于暗滩的"群礁"上,发育有暗沙、暗礁、沙洲及岛屿。

珊瑚环礁边缘发育有礁镯,亦称礁轮,系一种环形珊瑚礁,多位于浅滩上。

桌状礁或珊瑚礁浅滩,位于海底之上,形似高原,无明显的边缘隆起。

珊瑚丘,亦称礁斑或礁塔,系为堡礁或珊瑚环礁内侧高出潟湖或礁湖底部的小礁块。

# 第二节 珊瑚环礁基本概念及其类型

## 1. 珊瑚环礁

珊瑚环礁是热带海洋中生长的巨大珊瑚礁体的一种,系指海中呈圈环状的水下暗礁,其地形往往是由深海底部生长起来的,到达水面附近。珊瑚环礁的地貌特点是珊瑚环礁有一圈珊瑚礁,环绕着一浅水潟湖,外缘陡坡多直抵海底。礁体上发育有各种地貌形态,当其一旦形成了宽大的礁坪,礁坪上继之可形成沙洲和岛屿。因此,珊瑚礁地貌为独具特色的研究内容。

珊瑚环礁通常不露出于海面,但其环状暗礁形态常能在海面上表观出,即暗礁使波浪破碎而形成环形浪花带,环绕着一个浅色调的平静水域。低潮时,一些礁头可露出于水面。但各处的珊瑚环礁形态结构不尽相同,一座礁体的地貌单元,通常包括向海坡、礁坪与潟湖。另外,有口门、点礁以及沙洲和岛屿等。

**向海坡** 系指珊瑚环礁向海面。它通常是一个较陡的急坡,只有在水下阶地发育处才转缓。在海面附近的陡坡区,常见有由活珊瑚礁块所形成的小悬崖,表明珊瑚向外海生长。对此,依据钟晋梁(1996)等对海面以下,波基面以上范围内,按向海的倾斜形态,分为斜坡型与峭壁型两种。

**斜坡型** 在礁缘外,坡度小于 40° 的坡面上,由于较强的水动力,使之冲蚀与溶蚀作用抑制了珊瑚的生长,活珊瑚覆盖率小于 50%。在斜坡上常发育有沟宽一至数米,长达十至几十米不等的冲蚀潮沟。

**峭壁型** 珊瑚环礁礁缘向海坡面为陡峭的礁墙。这里水动力作用不强,即珊瑚的生长发育能力大于海浪的破坏作用。种类繁多、形态各异的活珊瑚几乎达到全覆盖,因此,发育成峭壁状。

**礁坪** 珊瑚环礁多有宽阔的礁坪,它与珊瑚环礁的发育程度密切相关,并成为珊瑚环礁的主体。当地质构造与海平面相对稳定的情况下,礁坪沿低潮面侧向发育,且逐渐围封潟湖。

已如所知,礁坪上的珊瑚生长顶面限在低潮面,高于低潮面的裸露珊瑚,易被晒死,因此,在礁坪最高处可见到死亡的群体珊瑚。

礁坪受波浪侵蚀、堆积、海水溶蚀以及藻脊生长等作用,使之礁坪形态呈现多样化。如有的礁头多有出露,有的则相反;宽的、窄的;礁坑的密度和高差各处不尽相同;有的礁坪上发育有沙洲。同时,各处礁坪上珊瑚生长的覆盖度也不尽相同。

有的学者将外礁坪到潟湖边缘通常划分为:潮沟发育带、礁凸起带、珊瑚稀疏带、珊瑚丛林带、礁坑发育带等。

**口门** 环状礁珊瑚上常有一些水道沟通于潟湖和外海,这种水道称为"口门"。当口门水深大于潟湖底部水深者,系为直通式口门;反之,使潟湖底层海水难与外海畅通,这种口门系称之门槛式口门。有的口门长达330 m以上,由于风浪的作用,使一些口门常保持不被珊瑚因生长而封上,但深水道两侧仍是陡立的礁壁,显示了珊瑚礁地形的特征。

**潟湖** 由珊瑚环礁围封的负地形水域即是潟湖。潟湖大多有口门,口门又多处在珊瑚生长较差,且易于维持水道的背风面。通常礁坪内坡较缓,向潟湖渐深,湖中则一般不深,但有的达30~40 m,个别的超过200 m,使之湖中的生态环境就不如珊瑚环礁外缘。因此,潟湖内外造礁珊瑚的生长速度是不同的。当构造地质相对稳定的情况下,随着礁体的发育,礁缘物质向湖中内移,潟湖得以逐步浅化。

**点礁** 系指由潟湖底部或斜坡上显著突出的墩状珊瑚礁,且彼此孤立、平面上呈点状分布的礁体,即称之为"点礁"。点礁的多寡与珊瑚环礁发育的不同阶段呈正相关,由于其他因素的制约,在同一潟湖里,点礁发育及其分布具有一定的区域性。有些点礁的迎风面在低潮时出露水面,背风面的潟湖水深相对较浅。点礁有峰丘型和礁坪型两类。

在此,还须要提到沙洲和珊瑚岛虽已在珊瑚礁的类型一节中介绍过,尚须要补充的是,在沙洲形成沙岛时,一般多沿礁坪作条状或以至呈环状发育。沙岛面积最大的是沙地,沙地四周多有沙堤,沙地上往往生长有茂密的植物,招至众多的鸟类来此栖息,因而形成了鸟粪层。沙岛上多有泉水。

## 2. 珊瑚环礁类型

曾昭璇(1984)认为对多种多样的珊瑚环礁地貌特色,按照成因–形态将珊瑚环礁地貌类型归纳如下。

**典型珊瑚环礁** 多呈圆形或椭圆形的珊瑚礁体围绕着一个浅水潟湖,礁体上发育有沙洲、岛屿,又有若干口门,潟湖中还有点礁或墩礁。

**残缺珊瑚环礁** 典型珊瑚环礁受到构造运动的影响,部分断陷于海中,而部分礁体抬升为上升礁。因此,原典型珊瑚环礁由于平面上礁体缺失,破碎成为残缺珊瑚环礁形态。

**沉没珊瑚环礁** 系指海面下的珊瑚环礁,尚无礁坪存在,其上的白浪花显示了它在水下的位置。

**封闭珊瑚环礁**　珊瑚生长良好的珊瑚环礁区,礁环发育成较为完整的环形礁坪,口门已不复存在,即使低潮时,潟湖也不能与外海进行水体交换。

**准封闭珊瑚环礁**　珊瑚环礁的发育虽有着较完整的环状礁坪,但其若干口门的存在,使之潟湖与其外海之间能进行海水交换。

**半开放珊瑚环礁**　礁体发育虽明显呈现珊瑚环礁的格局,但部分礁环仍在水下,尚未发育成礁坪,有较宽而深的众多口门,使深度较大的潟湖水与外海水畅通的进行交换。

**台礁化珊瑚环礁**　当有的小型珊瑚环礁发育进入晚期,它便向台礁类型转化。具体表现在潟湖随礁坪的内侧增长和点礁的扩大,生物碎屑的堆积,逐成为残留浅水礁湖,进而分化为很多礁塘,其上生长着造礁珊瑚,底部堆积着很多生物沙。

**珊瑚环礁链**　它是因珊瑚环礁的下沉所致,礁坪下沉后,有利于四边珊瑚礁的生长,致使每个暗礁发育成为小型珊瑚环礁。小型珊瑚环礁的潟湖系原礁坪部分,深度相对较浅。若潟湖深度较深,则与老的珊瑚环礁潟湖深度相接近。但珊瑚环礁链中,有的礁体成为小珊瑚环礁,有的则是暗礁或沙岛等,这表明了珊瑚环礁链的发育形成过程。

### 3. 珊瑚环礁地貌走向特征

关于珊瑚环礁地貌走向特征的成因,当前虽尚无统一的结论,但它们所表征的椭圆形态,长轴大多的走向是客观存在的。

珊瑚环礁形状受基底构造的影响:海岭抑或海底高原成为珊瑚环礁的基础。水下构造地形有着明显的影响。

海洋动力作用:由于海域冬、夏季分别盛行季风,使之海域出现相应方向的海流,成为珊瑚环礁区发育的主要动力之一。

每当海流在珊瑚环礁的边缘陡坡处形成上升流,则有利于珊瑚的生长。由于季风的风力经常且稳定,更有利于这里的珊瑚生长与礁体的发育。与此相反,珊瑚环礁的两侧常为背风区,影响了珊瑚的生长,限制了礁体的发育。因此,珊瑚环礁的迎面季风部位,因珊瑚生长较好,礁体迅速的发育扩展,使之很多珊瑚环礁呈现相应走向伸展的形态。

### 4. 珊瑚环礁表层沉积相带

珊瑚环礁的不同地貌单元在水动力的作用下,加之特定的生态环境,使之造礁珊瑚属种、礁栖生物与沉积物发生变化。对此,珊瑚环礁表层沉积相带,有如下概括表述。

**向海坡相**　从礁坪外缘坡折到礁体基部的水下斜坡,如有的将水深分别划分为20 m、40 m、80 m、130 m 和240 m 几级坡折。按沉积差异又划分为两个微相带。

**上坡带**　水深近30 m 的波浪基面以上,为原生礁构成,其上有生长发育良好的珊瑚。坡面上有切口和崩口,沟底有蚀余的少量碎屑、重力沉积与生物碎屑。

**下坡带**　波浪基面以下的斜坡,多为堆积塌积物与生物骨壳。水深从50~1 000 m 多是细砂,1 000 m 以下为粉砂质黏土,全为生物碎屑。

**礁坪相**　礁坪宽窄不一,一般达数百米,表面凹凸不平,并大多处在低潮面下30~50 cm,表层沉积物大小不一,但粒径大致由海向潟湖变细,多被藻类粘结。

**礁缘坡带**　系礁缘槽沟发育带,由礁缘坡折线到沟头,宽20~25 m,向海微倾。礁缘呈锯齿状。波浪从礁缘处侵蚀并搬运到此的粒径大至数十厘米的礁块、死珊瑚以及贝壳砾屑,被珊瑚藻和石灰藻等所粘结。

**突起带**  其宽达 10～30 m,低潮时出露 20～50 cm 达 2～3 h。被礁缘波浪破坏的砾屑和岩块多堆积叠加于此,块径达 0.5～3 m 的礁石块均被藻类粘结,上无活珊瑚生存。

**凹凸斑带**  宽约 30～50 m,大潮低潮时大部分出露水面,属于藻粘结岩。通常凹处积水深为 0.5 m 左右,生长有稀疏的、抗浪的活珊瑚,而底部堆积有生物碎屑。

**礁原带**  其宽达数百米,大潮低潮时局部礁面微露。即使涨潮时,从礁缘处破碎的波浪在此已无破坏作用,因此这里有众多的活珊瑚。

**礁坑带**  它处于礁坪向潟湖的过渡带,为礁坪向潟湖不均匀延伸的部分,有的宽达 30 m,起伏不平,犬牙交错。低潮时坑深达 1～3 m,由于这里水动力较弱,多有珊瑚生长。坑底堆积有白色的生物砂。

**潟湖相**  潟湖的大小不尽相同,演化进程各有差异。如有的将其细分为潟湖坡带与潟湖盆(底)带。

# 第三节  珊瑚礁遥感技术背景

珊瑚礁遥感旨在监测珊瑚礁本身,进行珊瑚礁健康调查和变化检测及其制图;同时,意在监测珊瑚礁受到环境胁迫,使之所处的海温升高、海平面上升、海水盐度变异等海－气环境。但由于珊瑚礁遥感目标着重在浅海域珊瑚礁区,鉴于包含栖底物质的水表遥感反射率,深受表层水体与波浪起伏,以及珊瑚等低反射率的影响。同时,鉴于珊瑚礁类型各异的栖底物质,加之它们较强的空间异质性以及尺度上的跨度,导致其光谱的复杂性与混合像元特有信息,细化珊瑚的微信息,尚有难点。

已有的研究表明,IKONOS、SPOT、TM 等分辨率相对较高的珊瑚礁遥感图像,能够表征珊瑚礁地貌尺度上 3～6 种基本类别,其分类精度可达到对环礁发育信息研究的基本应用。当以不同时相、高分辨率遥感信息之间进行对比,表征出珊瑚为主的栖底物质明显减少时,反映了珊瑚礁空间状态。

综上所述,珊瑚礁系在全球尺度上对气候变化响应最迅速的生态系统,以此获取环礁的空间发育特征,有利于区域乃至全球气候变化的研究。对此,国际上珊瑚环礁遥感领域的调查研究方兴未艾。

# 第四节　珊瑚礁系统模式及珊瑚环礁遥感融合信息系统

## 1. 珊瑚环礁系统模式

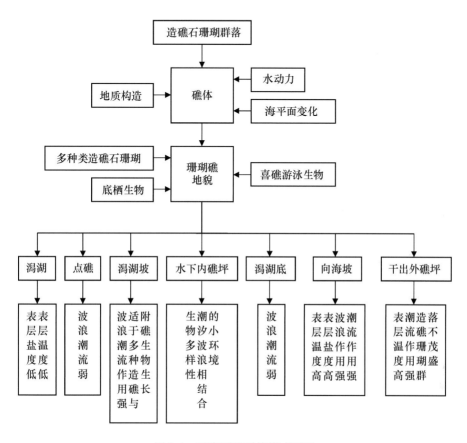

图 2.1　珊瑚环礁系统模式图示

## 2. 珊瑚岛礁概念化系统

珊瑚岛礁概念化系统如图 2.2 所示。

## 3. 珊瑚环礁发育特征及其遥感融合信息系统

综上所述,建立珊瑚环礁遥感的多项相关因子的融合信息间系统关系,如图 2.3 所示。

## 4. 珊瑚礁体遥感谱段响应

在遥感图像中,所表观的珊瑚礁体迎风面水域由破波现象等所形成的纹理特征,表明了

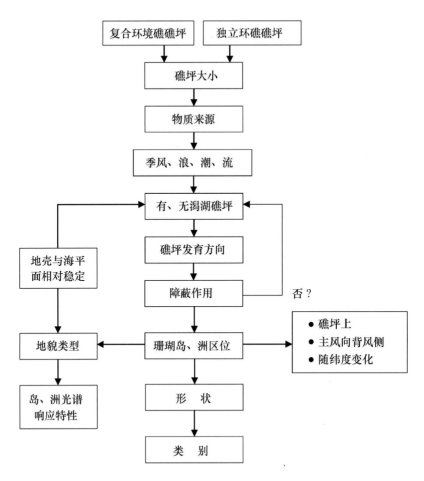

图 2.2　珊瑚岛礁概念化系统

海面粗糙度与泡沫的出现,用以判别水下珊瑚礁滩的发育特征及其地形走向信息。时-空效应影响着珊瑚礁滩的光谱响应模式,如水下礁体与水上礁体以及潮间带各具有明显的时-空效应特征,即珊瑚礁滩的光谱亮度值是不统一的,而且同一礁滩也随潮位的变化而变化。

可见光-近红外遥感信息的特征如下。

①珊瑚岛礁在多时相遥感图像中有稳定的影像得以表观。

②尽管珊瑚礁滩本身表面性质、形态与出露水面程度的差异,使之光谱亮度值的随机性较强,但其与周围的海水有一定反差。反射率相对高的珊瑚岛、沙洲、点礁与中反射率的浅水礁盘以及低反射率的潟湖、礁门等,往往共同组合成易于辨认的、不同类型的珊瑚环礁。

③在一定区域内,岛礁发育受约于海洋动力条件,且具有一定的方向性,对其判别采用同一时相。对海水具有不同穿透能力的多谱段遥感图像,可获得信息解译的理想效果。

④洁净的深层海水没有来自海底的可分辨信号穿透深度相应的光谱值,则可由各谱段统计分布来确定,这为划分礁滩、浅水区与深水区提供了依据。就此,对研究区彩色合成图像,借助于计算机可进一步提取有关礁滩范围和造礁珊瑚所表观的生态特征。

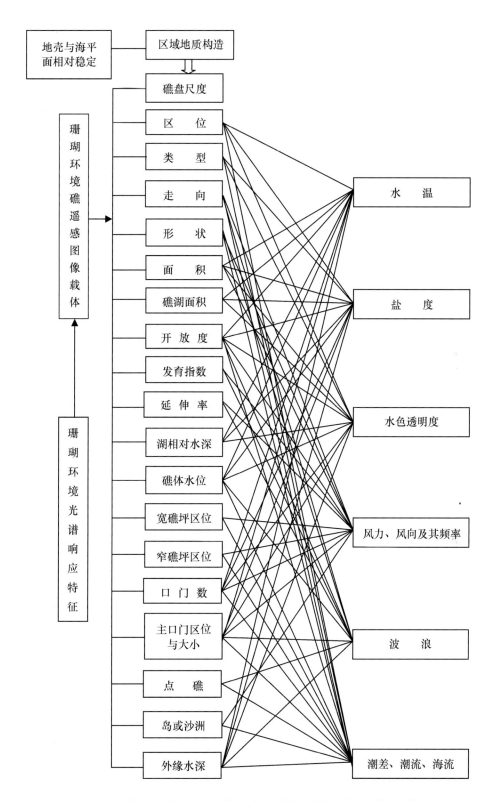

图 2.3　珊瑚环礁发育特征及其与动力环境相关的遥感融合信息系统

## 5. 珊瑚岛礁遥感信息的时空属性和地学规律

（1）时空属性

珊瑚岛礁系地质、生物、地貌、水文等多种自然物质赋存的自然综合体，并成为具有互相关联的系统。即珊瑚环礁区域的整体网络与相应的功能层次，表现的条件是基底限制在不深的水域中，而基底又控制了礁盘的大小和形状，也相应决定了礁体发育的空间尺度。与此同时，风、表层水温、浪、潮、流等要素影响了礁体发育的走向，其中风对礁体的驱动生长作用极为重要。珊瑚岛礁所表观的系统性，即地质构造基底—礁盘—适宜的水环境中浮着的造礁珊瑚—演化成为各类珊瑚礁体的地貌。

**信息的再现性**　造礁珊瑚赖以生存所须环境，正如前所述，它是在清洁、高温海水、特定水深乃至浪、潮、流等一定条件下不断供应着养分得以发育生长。如图2.4所示，有规律涨落的潮汐使珊瑚岛礁周期性的再现其形态特征。

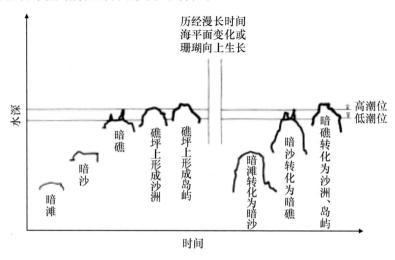

图2.4　潮位、水深、时间与珊瑚岛礁形态显现的模式

由图2.5可知，从可见光－反射红外谱段的珊瑚礁体影像信息，在不同时段内，各谱段之间对珊瑚岛礁的响应，由高潮位彼此差异不大，到低潮位逐拉大差异，表明了珊瑚岛礁遥感信息的潮位"节律"性。这是世界上海洋潮汐区的珊瑚岛礁全息重演，这种信息特色为其他地物所不具备。

又如珊瑚沙的反射率较高，影像的恒稳性可作为其信息特征点予以识别。

**离散随机性**　珊瑚岛礁发育的遥感信息，对于个体来讲，其离散随机性，即不连续性与任意性，特别是突变现象，短时期内难以识别。

**不确定性**　造礁珊瑚的生长速度因地而异。地壳的稳定性与全球的温室效应导致海面上升，影响了珊瑚岛礁的发育，对此，还没有明确的规律可循。

**模糊性**　珊瑚环礁演化细过程的场信息差别是模糊的，如礁坪带间、潮汐涨落与水色变化的相关性等，即凡渐变地带、珊瑚类别混生地带都存在模糊现象。

（2）地学规律

**空间分布**　如前所述，珊瑚岛礁分布受地带性制约，几乎全分布在表层水温20℃等温

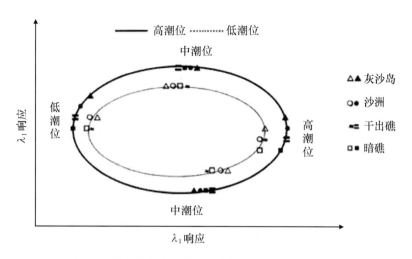

图 2.5　珊瑚岛礁在二维空间中的可见光谱段响应模式

线范围内的海域中,年最低温度低于 18℃ 的珊瑚礁就难以发育,年平均水温在 23～25℃ 左右,珊瑚礁发育最好。

由于珊瑚的组织中共生生物 – 虫黄藻需要有充足的光进行光合作用,珊瑚就能分泌碳酸钙制造礁石。所以海水深度也是珊瑚礁生长的限定因素之一,当水深超过 50～70 m 时,珊瑚礁就不能发育,大部分珊瑚礁能在 25 m 或浅于 25 m 的水域生长。而盐度、沉积作用与空气等条件,也是限制珊瑚发育的因素。在常有波浪强烈作用的海域,珊瑚礁的发育较快。

**时间变化**　潮汐涨落的短时间变化,使珊瑚岛礁对谱段响应出现迁移。但在漫长时期,珊瑚岛礁从水下 – 接近海面 – 个别处出露水面发育模式,同样反应在各类别珊瑚环礁的演化进程,与此相应的是光谱响应的差异性。

**整体规律**　珊瑚岛礁均系地质、生物、地貌、水文气象等多种自然物质赋存的空间为自然综合体,并成为具有互相关联的系统。珊瑚岛礁所表观的系统性,即地质构造基底 – 礁盘 – 适宜的水环境中浮着的造礁珊瑚 – 演化中的各类珊瑚礁体的地貌。

**差异性**　小型珊瑚环礁的封闭性或大型珊瑚环礁的开放性,表观了造礁珊瑚的生态信息和基底的差异,以及季风区、浪、潮、流的区域特征。

**地物的相关关系**　珊瑚环礁区域的整体网络与相应的功能层次,由图 2.6 与图 2.7 所示出。

### 6. 珊瑚岛礁图像信息的内涵与外延

当卫星图像是以光谱形式综合表观了珊瑚岛礁的非线性动态映射的瞬时状况,其信息的内涵和外延的变化特征值得重视。

**珊瑚岛礁的几何特征**　从珊瑚礁体的发育,具体到珊瑚环礁的每一演化过程,所涉及礁坪、潟湖、口门、走向与空间尺度等彼此间有所不同,大小珊瑚环礁的几何形态也不尽相同,水上和水下珊瑚环礁几何形态也有所不同。

以纺锤形珊瑚环礁为例,其形成主要受季风的影响,珊瑚礁体不断向相应风向方向加速生长,这类珊瑚环礁以巨大珊瑚环礁表观最显著,这与珊瑚环礁长期发育历史有关。又如长

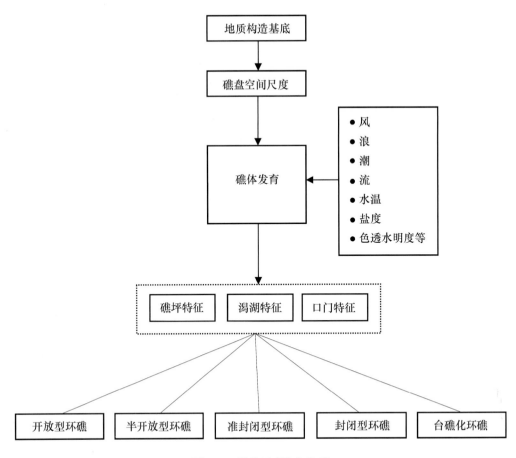

图 2.6 珊瑚环礁演化类型

条形珊瑚环礁,其系沿基底隆起轴方向伸展,多属小珊瑚环礁。圆形及椭圆形珊瑚环礁,其形成受基底地形的控制,但邻近赤道带圆形珊瑚环礁,可能受无风带的影响。三角形珊瑚环礁,其主要是礁缘一部分特别发育所致;而多角形珊瑚环礁,因诸珊瑚环礁为 4～5 块礁体发育较好,控制了该珊瑚环礁的形态。这就是依据珊瑚礁体的几何特征信息,分析其形成的主导因素,解译出其空间分布的环境条件之区域限制性。

除上述外,还要依据所采用的信息源及其精度、比例尺、地面覆盖范围、相应表观的珊瑚礁最大与最小的详细性等进行匹配分析。

**光谱、时空和偏振等特性**　当珊瑚岛礁卫星图像像素反映的是组合光谱,虽然珊瑚岛礁的地物并非复杂,但其时空变化的动态性,对其识别仍须建立直接与间接解译标志。

根据上述已知,珊瑚礁及其发育特点与类型。其组成要素的彼此差异与时－空特性,均可具体反映在对电磁波的响应特性上。

**光谱辐射特性**　在可见光谱段反映出地物不同的颜色,如礁坪、潟湖等彼此的颜色差异很大。

**空间特性**　该特性对电磁波没有光谱响应。而系为珊瑚岛礁的形状、大小、结构、位置与色调等,在图像中的表观特征。珊瑚岛礁对电磁波的空间响应,为图像信息解译的主要依

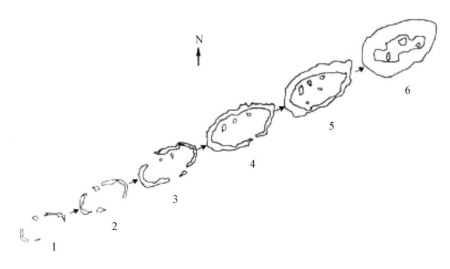

图 2.7　珊瑚礁体发育与其珊瑚环礁类型演化要素关系

1. 开放型环礁;2. 半开放型环礁;3. 多个口门准闭型环礁;4. 单一性口门准封闭型环礁;

5. 封闭型环礁;6. 台礁化环礁

据之一。

**时间特性**　不同时相的潮位影响着珊瑚岛礁对电磁波响应特性,以此建立其遥感数据的多时相地学分析。

**偏振特性**　其反应珊瑚岛礁对电磁波从入射到反射之间产生的偏振变化。

当利用计算机对珊瑚岛礁进行分类与识别时,可依据各种光谱特征量作为分类指标。但为此不能得到满意结果时,如图 2.8 所示,必须借助于时－空特征。

## 7. 珊瑚岛礁概念模型和语义网络

对珊瑚岛礁的深入认识,经概念抽象、概念模型的生成到语义网络分为三个阶段。其中珊瑚岛礁的概念抽象,不仅有浪、潮、流、海温和盐度等海洋水文概念,也有生态概念,以及构造与火山等地貌概念。在珊瑚岛礁区,应了解珊瑚地貌形态特征、分异规律、时空属性与各种制约因素的相关关系,并结合基本理论,运用逻辑系统构造属性概念,形成层次关系的网络。

（1）**概念模型**　珊瑚环礁发育的成熟与否,视其具备口门、礁坪、沙洲和岛屿的情况而定。已如所知,珊瑚环礁往往是由海底生长至海面附近,有一圈珊瑚礁围绕一个浅水潟湖,外缘多呈直抵海底的陡坡。礁盘上形成有礁坪、沙洲和岛屿。就此,为珊瑚环礁分类的模型建造,是基于概念模型的基础上。

（2）**珊瑚珊瑚环礁的语义网络**　珊瑚珊瑚环礁的语义网络用以描述珊瑚珊瑚环礁的概念模型。其表达方式有:

**分类**　即从大概念分解为多个同等的小概念,如图 2.9 所示:

**聚集**　高层概念分解为低层概念的集合。如图 2.10 所示:

**泛化**　根据相似概念抽象形成的关系。如浪、潮、流等同是相互关联的制约着珊瑚礁体发育走向的水文要素。图 2.9 中"is a"联系的泛化关系,即泛化的直观表达。

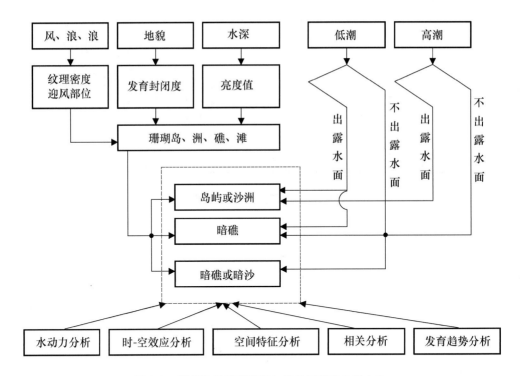

图 2.8 珊瑚岛礁判别逻辑与信息解译的地学方法

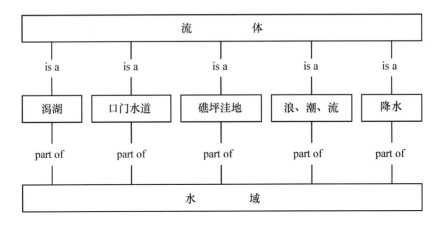

图 2.9 "is a"联系的泛化关系

**联合** 高、低层概念之间的关系,并利用"is a"将特性继承下来,即"特性传递"。

**(3)信息树模型识别系统** 就此,如珊瑚环礁中的水体,无论是潟湖水,还是潮流通道水,抑或礁坪上的礁坑水,均有着共同的属性,即对可见光不同谱段的响应,乃至对红外谱段的吸收,使遥感图像由浅色调趋向于深色调。并依据珊瑚环礁的语义网络所建立的珊瑚环礁概念模型,表明了珊瑚环礁遥感信息具有"树"结构特征。为此,可建立如图 2.11 所示的珊瑚岛礁遥感信息树模型识别系统。

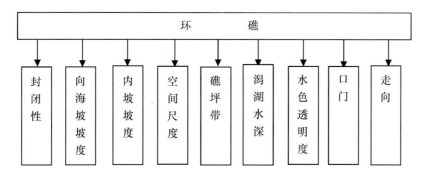

图 2.10  珊瑚环礁概念分解图

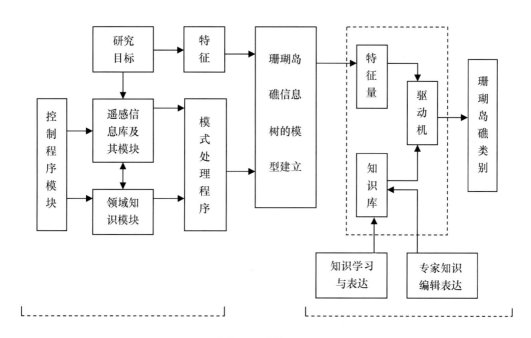

图 2.11  珊瑚岛礁遥感信息树模型识别系统

# 第三章 珊瑚环礁发育特征与环境间关系模型与计量

## 第一节 礁体环境及其发育

### 1. 环礁的物质基础

环礁系由造礁生物与附礁生物所构成。据报道,它们当中的滨珊瑚(*Porites*)、蜂巢珊瑚(*Favia*)和菊花珊瑚(*Goniastrea*)等系抗浪性强的优势属,起着造礁构架重要作用。而为环礁的建造担当充填碎屑物的是鹿角珊瑚(*Acropora*)、蔷薇珊瑚(*Montipora*)和软体动物的大量壳屑或硬体部分等,另一些藻类则促进了礁体的增生。

### 2. 珊瑚礁的动力环境及其分布的局限性

造礁石珊瑚的生长环境十分严格,需要温暖的海水、足够的光照、适中的海水盐度、充足的氧气、海水要透明度大而清澈、并有坚硬的基底等条件。已如所知,很多海域完全具有造礁石珊瑚生长的自然条件。基于第二章中相关内容的阐述,作如下简要阐述。

(1)水温与珊瑚礁分布的关系

地处热带海域,受强烈的日辐射,水温高,均匀层厚度大,而跃层强度则小。有的岛礁区内,最高水温达31.33℃。在夏季,岛礁区表、底层水温相差不大,通常表层日平均水温达30.0℃,20 m层水温为29.4℃,底层水温则是29.0℃。

珊瑚礁基本都分布在表面水温20℃的海域中。对此,Wells(1957)研究表明,年最低温度低于18℃时,珊瑚礁就不能发育。年平均水温在23~25℃时,珊瑚礁发育最好;珊瑚礁能耐受的温度约在36~40℃。

由此可见,马尔代夫海域水温具有长期稳定性,因此适宜珊瑚的生长。

(2)盐度与珊瑚礁分布的关系

马尔代夫海域盐度变化,具有大洋的特性,主要受季风的影响,东北季风时期的盐度高于西南季风时期的盐度,年变幅不大。特点是盐度大,跃层强度弱,季节变化小。通常水深60 m处,盐度超过34.00。其均匀层厚度通常为20~30 m,最深达50 m左右。

表层盐度的变化范围为32.70~34.00,季节变化幅度仅为1.00左右。变化总趋势是冬、春季高于夏、秋季,北部高于南部,深水区高于陆架区。盐度对珊瑚礁的发育很有影响,海水盐度在32.00~35.00,珊瑚礁才能得到很好生长。雨量虽多,但因平均分布于海面上,岛上又不能形成河流,从而使之海水保持正常盐度,成为珊瑚礁发育的良好条件。

（3）水色、透明度与珊瑚礁分布的关系

马尔代夫海域水色高，透明度也大，季节变化小。各处透明度分布较均匀，通常为28 m，最大处的透明度达47 m之多。

珊瑚礁的生长限在一定的海水深度，通常水深超过50~70 m时，它就不能发育。大部分珊瑚礁能在25 m或25 m以深的水域生长，海域透明度大，对珊瑚发育非常有利，这是因为造礁珊瑚对光的需求，珊瑚组织中的虫黄藻要有足够的光尚能进行光合作用；有了足够的光，珊瑚才能分泌碳酸钙形成礁石，补偿点约在光强为水面光强15%~20%的深度。

（4）风向、风力与珊瑚礁分布的关系

马尔代夫海域有明显的季风特点。5—9月为西南季风期，大风出现在6月，为32 m/s；11月至翌年3月为风稳定东北季风期，多为4~5级。最大风在11月，达35 m/s；4月和10月为季风转换期；4月、5月无台风活动时，系风力最小的时期，通常为2~3级左右。各月平均风速5~10 m/s。

东北和西南季风使环礁礁体外缘交替处在迎风面和背风面，促使造礁与礁栖生物交替生长，环礁迅速向外延伸。同样，季风风浪的作用，也使潟湖坡上缘的珊瑚和礁栖生物良好的生长和繁衍。这种环礁的内、外扩展，促进了环礁的良好发育。

（5）风暴作用与珊瑚礁分布的关系

在海域热带气旋所引起的风暴，对环礁礁体发育有明显的作用。具体反映在：其一，对环礁向海坡的侵蚀塑造作用；其二，破碎并堆积了造礁生物和礁栖生物硬体；其三，环礁口门的维持。

（6）波浪与珊瑚礁分布的关系

马尔代夫海域的波浪主要受季风的影响，特点是浪大，且涌浪大于风浪。每年11月至翌年3月的东北季风时期，以频率大于40%的东北浪为主，波高约9.5 m；月平均浪高，风浪大于1.1 m，12月份最大可达1.8 m；而涌浪则大于1.6 m，进入11—12最大到2.4 m。其平均周期，风浪为3~4 s，涌浪为7~8 s。40%以上的大浪频率在12月至翌年1月，而40%~70%的大涌频率在10月至翌年2月；4—5月份浪向分散，波高较小，通常在1.0 m左右。

每年6—9月的西南季风期，风浪波向盛行S—SW向浪，其风浪频率为40%~50%，最大波高出现在8月、9月，达7.5 m。月平均波高，风浪是1.0~1.3 m，涌浪是1.5~1.9 m。最大波高为7.5 m，出现在8月、9月台风期间。历史上最大波高15 m，从3月下旬到5月下旬波浪较小；4月和10月为风浪转换月份，波向频率分布较分散。平均周期，风浪为3~4 s，涌浪约为7 s；大浪频率为20%，大涌频率为30%~40%。

综上可知，马尔代夫海域的恒定强浪，送来了较多的浮游生物，并有较多的氧气溶合于水中，这对珊瑚的发育很有利。同时，涌浪之大，可对礁盘上珊瑚碎屑的发育、珊瑚礁岛的形成有重要的影响。总之，当珊瑚礁处在强波浪海区，其发育很快。珊瑚群体靠巨大坚硬的碳酸钙骨骼能防御波浪的破坏作用。但是，波浪的作用除不断地为珊瑚群体供给富含氧气的海水和阻止物质的沉积作用外，还能使珊瑚得到充分的浮游生物饵料。

（7）潮汐、潮流与珊瑚礁分布的关系

环礁区内潮差各处不尽相同，该海域潮流性质复杂，潮流流速较大。潮流椭圆长轴方向与潮波转播方向基本一致，潮差大的水域，潮流流速也大。该海域潮流属半日潮流，最大潮流速度大都小于0.51 m/s,影响着环礁潟湖及其口门的发育,以及潟湖的纳潮量。

(8)海流与珊瑚礁分布的关系

马尔代夫表层海水在风应力的作用下,形成了随季节变化的风海流。其季风漂流厚度约为200 m。东北季风期属环流型,有明显的西南流;在每年西南季风的作用下,海流基本为东北流。

已如前述,海流对珊瑚的种属区系的形成与分布起着主要的作用,同时带来了丰富的饵料,使珊瑚礁体得以很好的发育。

水中或珊瑚上的沉积物均影响珊瑚礁的发育,这是因为沉积物不仅能将珊瑚窒息,还能堵塞珊瑚的摄食器官;同时也会减弱珊瑚组织中虫黄藻的光合作用率。所以,有强烈沉积作用的水域,珊瑚礁的发育就很缓慢。

综上所述可知,马尔代夫环礁区,具有珊瑚礁发育的较佳水温、盐度、溶解氧和透明度等环境条件,而季风海流又带来了丰富的饵料,显然为该海域的珊瑚地貌的发育提供了物质基础与动力条件。

总之,马尔代夫海域水温高、盐度正常、透明度大等环境基本条件,很有利于珊瑚生长发育。但顺便提到的是,一旦珊瑚礁长期处在空气中,大部分珊瑚都会死亡,所以珊瑚礁生长高度在最低潮位上。

# 第二节 环礁特征及其空间分布规律

利用多谱段多时相的马尔代夫卫星融合信息,对环礁特征要素进行测度和解译的结果,环礁影像特征表征了共同的规律与个例的特异性。

## 1. 环礁表观特征

当地壳与海平面相对稳定的条件下,马尔代夫海域利于造礁石珊瑚沿礁坪外缘向外生长,使之礁坪不断扩大。环礁潟湖越大,发育方向上的礁坪越宽,且环礁的大小与礁盘的大小呈正相关。

环礁物质主要来源于风浪潮流对礁盘的改造,在风与流的作用下,物质向下风方向迁移,使珊瑚礁顺风向发育。因此风力作用使生物礁发生定向生长。在优势风的作用下,岛礁向西南方向移动,并驱使生物礁也向同一方向迁移。定向迁移的结果形成一种不对称的生物礁复礁体,如复合环礁。同一礁体出现不对称性,如礁坪宽度的南、北之间或东北与西南之间的不同;南、北礁坪口门分布的不同;潟湖地形的不对称性等。

环礁的东北方位为其发育方向,礁头西侧的西南多有延伸的水下礁脉。复合环礁中每一干出礁体的西和西南侧多为大片水下礁滩。当环礁东北方位的迎风礁体头发育,而西南方位礁体的另一头延伸逐沉没水下并呈尖形。而同一环礁内潟湖愈窄处,礁坪则宽而长,水下礁脉有延伸的趋势,这示为该环礁发育的主要方向。

有的大型复合环礁北侧的礁体与水下礁滩,一般多大于环礁南侧的礁体和水下礁滩。当环礁礁坪弯曲段的礁坪宽大,礁坪宽度越大,即靠近礁体发育处,内侧坡度小而宽,其内侧坡度越小,且内坡越宽,礁坪外侧较内侧平滑,内侧多弯曲,但多数礁盘的西南端较东北端圆滑。除个别外,复合环礁东南侧礁脉水下暗沙较西北侧平直。

有的环礁的暗沙北侧普遍较南侧宽而长,口门也小。深水区主要在湖中南侧,有时靠近窄礁坪段和口门区。环礁发育的右下侧,即迎风方向的右下侧礁坪相对窄,湖水深,封闭环礁发育方向的左侧礁坪宽于右侧的礁坪,而非封闭环礁右侧礁坪平滑多口门,且大礁盘的下风区常有断续的小礁盘。

不同地貌单元的水动力作用与生态环境不同导致造礁珊瑚属种、礁栖生物和沉积物发生变化。

**2. 环礁发育结构模型**

其一,当环礁一个端点的礁体呈钳状或马蹄形,向外又有水下礁脉延伸,钳把尾部也有与其方向一致延伸的水下礁脉,该钳状礁体的钳头即是环礁的发育方向所形成的环礁发育结构模型;其二,潟湖长条形头小的一方往往为环礁的发育方向。

以环礁发育指数确定环礁类型,以礁体的最大水深与礁体面积之比率,可视为礁体发育阶段分类依据。

如 马尔代夫典型环礁结构表观的特征有:

① 东北和西南部礁体发育;
② 潟湖中岛屿主要多分布在东西环礁的潟湖南部;
③ 连续性礁坪主要分布在东环礁链在中、南段;
④ 岛屿主要分布在东、西环礁链的东礁环上;
⑤ 南礁环上分布有岛礁主要在中、南部;
⑥ 西环礁链独立环礁主要分布在西礁环与西南礁链上;
⑦ 80%以上的独立环礁发育方向指向东北部;
⑧ 独立环礁潟湖发育主要在西南部;
⑨ 越往南环礁封闭性越好;
⑩ 环礁东礁环连续性好;
⑪ 口门或水下口门主要分布在西礁环链上;
⑫ 潟湖深水区与口门多寡相对应等。

# 第三节 珊瑚岛形成及空间分布规律

珊瑚岛形成及其空间分布规律如下。

东北季风是礁坪上的物质迁移、岛屿变迁与塑造岛屿地貌类型的主要动力,东北风浪常把礁坪上的碎屑物质搬运堆积在堤垒内侧附近,形成大小不一沙洲。而来自南和西南方波浪破坏礁坪南缘,且在礁坪南缘形成防波堤垒,因此西南季风形成的波浪对岛屿影响不大,堤垒内侧水动力较弱。

对一个礁盘来说,岛屿对形成在礁坪快速延伸方向的向反方(即位于力前进方向的左相限内,这里破坏力最小,珊瑚礁块易于堆积);岛与礁盘或环礁中的礁体间迎风面发育好,岛屿一般形成在复合环礁中无礁湖的干出礁盘位置上,走向与礁盘基本一致;无潟湖的礁盘上发育有岛屿。

礁坪出露高度与岛屿的分布关系较密切,一般低潮时能够裸露的礁体,当其处于强风频率高的迎风部位,成岛率明显增高。同一礁坪障蔽作用强或存在有滞留沉积物的地段,最先形成岛屿。岛屿在礁坪上的位置,几乎皆在主风向的背风侧,即大多位于礁体的西南侧。环礁在礁盘上的位置关系,也可将它们作上述同样的分析。

所有岛屿分布在礁坪上,但并非所有礁坪上皆有岛屿,说明了岛屿在礁体空间分布上的局限性。岛屿的长轴方向与所在礁坪的延伸方向基本一致,表征了岛屿形成与礁坪发育方向的一致性特征。礁坪面积的大小决定该礁坪上岛屿的大小和增长速度,因此礁坪大小决定造礁生物提供物质数量,在复合环礁延伸方向的礁盘上,一般不能形成岛屿或沙洲。独立的小环礁大都未形成岛屿。礁盘达到一定高度、面积和适宜的区位尚能形成岛或沙洲。

环礁礁坪弯曲段相对平直段宽大、水浅、多形成有沙洲和岛屿。在复合环礁上的岛屿多位于礁环的内缘处,礁坪呈直线边,多有宽大的水下暗沙,同时口门多而小。岛屿的大小与礁坪的大小无一定相关关系,但环礁的大小与礁盘的大小却相关。

岛屿在礁坪上的位置决定其地貌类型,而礁坪的形状与延伸方向以及一定宽度等可决定该礁坪上岛屿的数量,如近圆形的礁坪上仅一个岛或沙洲,而椭圆形或纺锤形礁坪可有2个岛或沙洲;长条形礁坪上可堆积数个岛屿或沙洲。

当地壳与海平面相对稳定的条件下,海域利于造礁石珊瑚沿礁坪外缘向外生长,使之礁坪不断扩大,礁坪上的造礁生物为岛屿和沙洲的形成与增大不断提供物质来源。因此,侵蚀型、侵蚀－堆积型、稳定型和堆积型等四种地貌类型的总趋势以堆积为主,侵蚀为次,稳定是暂时而相对的。

海拔高程与岛、洲、礁体面积之比率,可视岛礁形成的小→中→大一个参数系列,一般规律是礁体→沙洲→岛。

# 第四节　马尔代夫珊瑚环礁演化概念

马尔代夫环礁群在全球变暖与人为压力双重影响下,珊瑚礁水深增加导致礁体停止生长并遭受长期缓慢侵蚀,对此,评价马尔代夫环礁群,对于海平面上升时珊瑚岛礁的自然稳定性具有重要的意义。

礁岛的低海拔高度与小尺度空间以及对局部礁积物的依赖性,使之深受气候变化和海平面上升的影响。鉴于马尔代夫群岛为无风暴环境,属于季风气候环境,强烈的季风风向随季节变化为西风抑或东北风,季风控制着环礁短期变化。对此,一些学者就珊瑚岛礁对台礁的地形地貌进行了研究,取得了相应的岩心及放射性测年数据,给出了礁岛的地貌地层年代,并得出了平均海平面数据。由此进行地貌地层学研究,结果表明,礁面之下的地层可被分为4个不同的相:边缘礁相、潟湖相、无植被沙洲相和岛缘相。其中,无植被沙洲相代表着潟湖相充填作用开始向珊瑚岛沉积作用转变。无植被沙洲相和内礁之上发育的地层有非常大的倾角,表明礁坪一直向前推进。

珊瑚礁面之下沉积物在珊瑚礁岛上的延伸区已经岩化。呈现着地质历史时期以来,垂直礁体持续生长的空间，但珊瑚礁岛之间和礁岛内的礁体高度不尽相同,往往有很大的差异。尤其一些环礁上发育的珊瑚岛的礁面高度最大时,潟湖发育状态更清晰。

# 第五节　珊瑚礁体计量与环礁地学数据特征

## 1. 珊瑚礁体与环礁计量

珊瑚礁体的空间分布、相互作用、区域特点与演化规律等包含着很多地理要素。珊瑚环礁的地理要素拥有丰富的计量数据,对其系统处理,旨在达到以抽象的且能反映本质的数学模型来揭示珊瑚环礁空间分布规律和发育过程;以地理过程的预测和模拟来代替对珊瑚环礁形态分析与阐述;以最佳的趋势推导与类推法阐明因果关系。

鉴于珊瑚环礁空间分布及其演化过程的特点,有待查明该区珊瑚环礁精确分布位置与模式及其成因和演化,将其分布和过程结合起来,进行区位特征与因素分析,来研究珊瑚礁体之间规律性的空间关系,以及礁体演化中可预测的趋势。

用以研究所需的珊瑚环礁数据,系用一定的测度标准获得岛礁地理要素的地理信息。不同测度标准所获得不同类型的地理要素数据,表明了珊瑚环礁的具体特征。

环礁特征的定量数据主要包括间隔尺度数据和指数数据。

间隔尺度数据　该种数据系以连续量表示礁体要素。其实用性和直观性强,见表3.1。

表 3.1　间隔尺度数据

| 长度/km | 0.88 | 1.25 | 6.45 | 22.92 | 84.68 | 107.31 | 110.12 | 115.26 |
| 宽度/km | 0.51 | 0.90 | 3.56 | 10.20 | 30.42 | 41.33 | 43.64 | 45.75 |
| 水深/m | 0.2 | 0.6 | 1.8 | 5.5 | 18.6 | 32.4 | 78.0 | 101.0 |

指数数据　该种数据也是以连续量来表示礁体要素。对其所选基点的量可为间隔尺度数据任一量值,该基点量则可用 0、100 或 1 等表示,而其他的量换算为它的比例,如环礁的发育指数即为其例。

## 2. 岛礁特征的定性数据

有序数据:对礁体测度标准并非用连续的量进行,将所得结果仅给出一个等级或次序。表3.2中对环礁空间尺度类型进行排序。

表 3.2　环礁空间有序尺度数据

| 环礁 A | 环礁 B | 环礁 C | 环礁 D |
| --- | --- | --- | --- |
| 巨型的 | 大型的 | 中型的 | 小型的 |
| 1 | 2 | 3 | 4 |

二元数据:系指 0 和 1 数据。其表示礁体要素性质,通过二元数据矩阵进行数量化分析。

名义尺度数据:其多以字符表示,为用以表示礁体要素的类型数据。

**(1)技术基础**

① 充分利用先验知识。

② 广泛地掌握各种遥感资料、图面资料、文字资料与有关数据等。

③ 对所需要素进行计量中,充分利用先进的测度手段,如可资利用的信息处理系统、电子测度仪等。

④ 着重珊瑚环礁的时空属性与地学规律中逻辑内含。

⑤ 现实资料与历史资料相结合的对比分析,以区域和类别采用层次测度与各类信息的融合测度,用以保障资料准确和可靠。

⑥ 遥感数据源与精度能够匹配,来建立岛礁周边融合信息模型。

⑦ 以空间数据为主,同时处理、提取大量的属性数据。

⑧ 建立环礁及其周边发育模型。

**(2)测度内容**

① 岛、礁区位;

② 岛、洲、礁、滩的属性;

③ 岛、礁的空间尺度;

④ 岛、洲岸长度;

⑤ 礁坪空间尺度;

⑥ 礁坪边线长度;

⑦ 潟湖面积;

⑧ 环礁发育系数;

⑨ 环礁发育走向;

⑩ 礁前斜坡;

⑪ 礁盘;

⑫ 礁体间距……

**(3)工作流程**

如图 3.1 所示,该流程各步骤之间衔接自然、紧凑,可为地形地貌特征研究与成图提供丰富的信息与科学依据。

**(4)礁体空间分布测度**

珊瑚礁体要素空间分布的阐述与测度,系分析地理问题和表示研究结果的基础。

如前所述,珊瑚环礁在不同阶段的发育演化中,充分表现了各自不尽相同的特征和空间分布。如表 3.3 所示珊瑚岛礁与环礁地理要素中,涵盖的点状分布、线状分布、离散区域分布与连续性区域分布等类型,并均存在于三维空间中。

**表 3.3 环礁分布特征的基本地理要素**

| 序号 | 名 称 | 组合特征 | 序号 | 名 称 | 组合特征 |
|---|---|---|---|---|---|
| 1 | 位置 | 点—面 | 16 | 水深 | 点—三维空间 |
| 2 | 类型 | 点—点 | 17 | 湖底地形 | 面—三维空间 |
| 3 | 包括类别 | 点—面 | 18 | 点礁 | 点—三维空间 |
| 4 | 走向 | 线—线 | 19 | 底质 | 点—面 |
| 5 | 长 | 线—点 | 20 | 口门 | 线—三维空间 |
| 6 | 宽 | 线—面 | 21 | 水道 | 线—三维空间 |
| 7 | 形状 | 面—三维空间 | 22 | 封闭性 | 线—面 |
| 8 | 面积 | 面—线 | 23 | 锚地 | 点—面 |
| 9 | 高程 | 点—三维空间 | 24 | 潮差 | 点—三维空间 |

| 序号 | 名　称 | 组合特征 | 序号 | 名　称 | 组合特征 |
|------|--------|----------|------|--------|----------|
| 10 | 岛上地形 | 面—三维空间 | 25 | 潮流 | 线—面 |
| 11 | 潟湖面积 | 面—线 | 26 | 生态环境 | 面—三维空间 |
| 12 | 发育基础 | 面—三维空间 | 27 | 土壤 | 点—面 |
| 13 | 礁坪 | 面—线 | 28 | 植被 | 点—面 |
| 14 | 向海坡 | 面—线 | 29 | 礁盘地形 | 面—三维空间 |
| 15 | 环礁发育指数 | 面—面 | 30 | …… | …… |

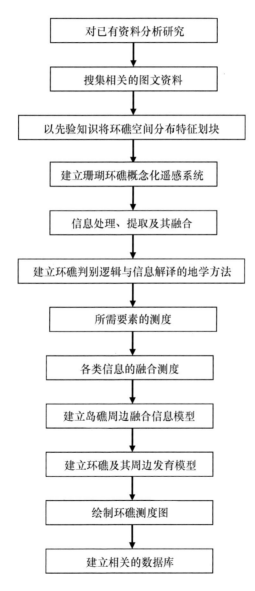

图 3.1　融合信息处理、提取与成图流程

（1）礁体点状分布测度

珊瑚礁体点状分布的测度归纳为四种:中心位置;离散与密集程度;点间距离;线、面或三维空间的点密度等。其中,中心位置测度在珊瑚岛礁地理系统研究中十分重要。往往一些礁体的分布中心与其整个分布状况有着直接或间接的关系。而对珊瑚礁体点状分布的离散与密集程度测度结果,可表观出珊瑚礁体要素空间分布特征指标,为分析礁体分布规律的重要数量手段。

（2）礁体线状分布测度

线状分布为珊瑚礁区地理系统的礁体空间分布基本形式之一。如地质构造带不仅控制了珊瑚礁体分布走向,并使之表观的岛礁"线状"分布与走向不同的深水槽形成结点,连接结点显示了各种礁体发育的边缘特征。结点、边缘以及结点与边缘的三者对应关系,构成了对珊瑚礁体发育进行图论研究的条件。

（3）礁体形状测度

礁体表观最具有规律的当属各种类别的环礁,各类环礁的界线围出了一定形状的地域单元,彼此各不一样的形状及其反映的演化过程,为珊瑚礁体地理系统发展过程的重要表现。

测度方法有三种:

①形状率。

表达式:

$$F_r = S/L^2 \tag{3-1}$$

式中,$S$ 为礁区面积;$L$ 为礁区最长轴长度。

②紧凑度。

表达式:

$$C_r = 2\sqrt{\pi S}/P \tag{3-2}$$

式中,$S$ 为礁区面积;$P$ 为礁区周长。

③延伸率。

表达式:

$$E_r = L_1/L_2 \tag{3-3}$$

式中 $L_1$ 为礁区长轴长度;$L_2$ 为礁区短轴长度。

（4）连续礁区分布的测度

无论是礁盘抑或礁坪等每一点均有高度和坡度,将其勾绘成等值面。尽管这些"面"并非空间上连续的现象,通过对其进行趋势面分析,有助于对礁体类型的分析。对此,常用的有高程累积曲线法。

（5）融合分异度与均衡度

鉴于珊瑚环礁特征量的多样性,可相应反映其分异度之高低与演化进程。当引入信息函数求解,可便于判别环礁彼此间演化进程的差异及其确定建立模型权重。信息函数由下式求出:

$$H(S) = -\sum_{i=1}^{s} p_i \ln p_i, \tag{3-4}$$

式中,$H(S)$ 为珊瑚环礁信息函数;$p_i$ 为 $n_i/N$ 的比值,$n_i$ 为第 $i$ 环礁的特征项数,$N$ 为总特征项数。

引入均衡度 $E$ 系对信息函数的补充,其计算式为:

$$E = e^{H(S)}/s \qquad (3-5)$$

(6)信息熵

环礁的空间结构现象可视为一种动态的熵变行为。当环礁空间结构为有序时,则其对应于低值的信息熵,直至达到 0 为完全有序。不同数值表示了环礁不同的有序程度,故此,可实现环礁地理系统的数量比较和发育进程的分析。

若将马尔代夫干出环礁遥感融合信息的多个参量代入如下信息熵的计算公式:

$$H = \frac{Q}{m} = -\sum_{i=1}^{n} p_i \log p_i \qquad (3-6)$$

式中,$H$ 代表环礁信息熵,其数值定义是 hartley(即 1 hartley $= \log_2 10 = 3.219$ bit)为单位信息的地理信息量,$Q$ 为多类融合信息的总信息量,$m$ 指地理信息的总个数,系地理事件中环礁融合信息出现的概率。

(7)拓扑分析

珊瑚礁体的空间结构可直接使用或变换后用"图"进行描述。借助数学拓扑方法对珊瑚礁体空间结构完成一种抽象,其中包括数学的抽象后,即可应用图论基本概念。就此,刘宝银(2001)曾依据 Schumm(1958)提出的闭合图形形状指标扩展率公式(3-7),将环礁进行测度及其排序,所得结果符合其发育形态特征规律。

$$G_\gamma = \frac{2\left(\dfrac{S}{\pi}\right)^{1/2}}{L} \qquad (3-7)$$

式中,$G_\gamma$ 为珊瑚环礁发育形态率;$S$ 为珊瑚环礁面积;$L$ 为珊瑚环礁长轴长度。

(8)干出环礁开放性分类

刘宝银(2001)指出,珊瑚环礁发育指数的诸种表达方式虽不尽相同,但观点是一致的。大多数环礁礁坪的发育是在环礁呈现完全封闭型环境下,处在一个相似条件的慢过程中,由此建立如下公式:

$$\beta' = \left(\frac{S_1 - S_2}{S_1}\right)^f \qquad (3-8)$$

式中,$\beta'$ 为环礁发育指数,$S_1$ 为礁顶面积,$S_2$ 为潟湖面积,$f$ 为环礁开放度。

由上式对干出环礁计算的结果,其符合开放型环礁发育指数跨度远大于准封闭型环礁的发育形成之客观规律。

## 3. 环礁地学数据特征

(1)数据类别

数据作为信息的表达,涵盖有空间、时间和主体三方面。特别是对于动态性较强的环礁,其数据表达了时间、空间与主体内容的统一体。作为马尔代夫形成的地质基础、珊瑚礁体生态环境与地貌特征,对其数据可归纳如下类别:

数据类别

不同来源
- 原始数据——系指对环礁进行现场观测与实验等获取的第一手数据
- 成品数据——对经原始数据处理或其他数据形成的地学数据,如遥感数据

空间特征
- 点数据——如点礁、水深和高程等
- 线数据——如等深线、水道与礁缘线等
- 多边形数据——如珊瑚环礁、潟湖等

测度方法
- 属性数据——无数量内涵的分类信息,如环礁类型、珊瑚种类等
- 序列数据——以地物属性值的大小进行升序或降序排序,如环礁发育指数
- 级别数据——以地物特征属性值来划分等级,如潟湖生物资源等级
- 间隔数据——地理特征的两类型间特定间距,非"0"值统一测度单位者
- 比例数据——其值与度量单位无关,但有绝对"0"值,如海水含沙量

内容用途
- 自然数据——该种数据受约于地学规律影响,其主要来自遥感资料
- 定位数据——多系控制点数据,如用于对礁体地理特征空间进行定位
- 实测特征数据——其可用多种方法获取,如遥感方法即是一种
- 地形特征数据——如坡度、口门与礁外坡等
- 地籍特征数据——其涉及时空特征与属性变化,以及权属等方面
- 区位边界特征——是线状抑或带状,和其过度尺度的大小等
- 人工特征——也是一种典型地理特征,如礁环上的军事和民用设施

（2）数据特征

正如李军等所表述的,地学数据系指以空间位置为基本特征之一的所有数据;地学数据的数据综合是对地学数据空间、时间与主题属性整体而言。

就此,马尔代夫及其邻近水域有着大量表明地理特征与相互关联的数据,将其组织一起为数据集,多个数据集在物理空间上或逻辑上被组织到一起,可形成极为有用的马尔代夫数据库。而作为马尔代夫环礁数据集中的数据,具有如下诸点特征。

数据特征类别

分布式特征
- 数据采集——珊瑚礁体具有区域特征和尺度限制性,数据在区域内采集
- 数据存储、维护与更新—需求与可能决定了在地学数据库或专业部门完成
- 数据运作——数据与用户分散,促使分布式礁体数据库与网络 GIS 相关系统研究

多尺度特征
- 非比例变化——尺度与其表达信息密度为非等比例变化,前者变大后者变小
- 空间多尺度——礁体数据所表达空间尺度相对地球系统局部尺度,分为多层
- 时间多尺度——珊瑚礁体形成过程及相应地理特征规律,使其有时间多尺度

空间拓扑特征
- 数据空间特征——数据空间特征间具有拓扑关系,如面积、长度与投影等
- 对礁体数据属性的影响——如礁体间水道与等深线向下弯曲部分相应一致
- 数据内在特征——用于检测数据质量或生成新数据集,如礁环和口门数据

其他特征
- 数据量大
- 共享性好
- 涉及专业广等

## 4. 马尔代夫环礁地学数据信息适用性

（1）数据来源

环礁的常规抑或遥感资料，广泛涉及各种专业内容，其中主要包括有：水深、地形、地质地貌、地球物理、海洋水文、水道、气象、岛礁地貌、沉积、土地资源、热带作物、旅游资源、矿物资源、港口资源、珊瑚礁资源、水产资源等方面的要素。从时间上说，主要源于考察和调查所得，前后纵跨数多年限的调查研究资料。

已如所知，马尔代夫海域中广布的珊瑚岛礁区，对其调研程度相对较低，地理定位随机性强，因此建立地学数据基础上，所阐述的珊瑚礁体地理事件和地理特征时有差异。采用先进的手段，获取多学科调查与研究，则大大提高了环礁数据信息的质量及其可用性。

当前，环礁需求地理要素数据的多源性，概括分为如下几种。

①实测数据；　　　　　⑥转换数据；

②试验计算数据；　　　⑦理论推测数据；

③遥感数据；　　　　　⑧地图数字化数据；

④GPS 数据；　　　　　⑨集成数据等。

⑤历史数据；

（2）数据利用程度类别

环礁地学数据利用标志，无外于为利用类型和利用程度，而两者结合起来可产生数据利用的等级。其中利用类型主要是概念型利用，有利于对研究目标认识程度的深化；利用程度分为数个要素组成的连续系统。数据利用程度类别概括为：①最大利用程度；②一般利用；③有参考价值；④无参考价值。

# 第四章 马尔代夫复合礁环与独立环礁
# 发育特征信息及其空间分布

## 第一节 概 述

马尔代夫复合环礁或独立环礁上珊瑚岛的发育,呈现为明显的区位性。在东、西展布的双链复合环礁链上,以及潟湖中的独立环礁上,珊瑚岛礁位居在其礁坪的部位不尽相同。珊瑚岛礁发育的特征表征了海洋环境条件对其的制约性。对此,将以具有典型性为代表的东环礁链中北马累环礁、苏瓦迪瓦环礁与西环礁链中北马洛斯马杜卢环礁,对其环礁的礁环及其上的独立环礁与岛礁、潟湖中岛礁的地理空间融合信息予以解译。

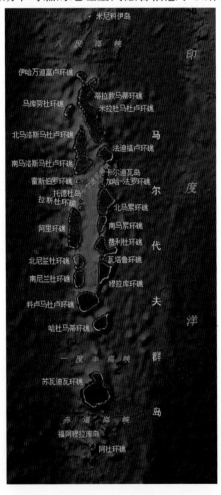

图 4.1 马尔代夫东、西环礁链图示

# 第二节　北马累环礁与独立环礁、珊瑚岛发育特征及其空间格局

## 1. 概述

由北马累环礁、南马累环礁、卡斯杜岛、卡富环礁4个环礁组成的陆地面积约10.6 km²。南—北长达130 km,东—西方向宽40.17 km。其中,北马累环礁为马尔代夫东、西环礁链中的东环礁链里,半封闭型复合环礁,包括有独立环礁、礁环、潟湖、口门与典型珊瑚岛达52个等地貌类型,该环礁处于4°10′04″—4°42′19″N,73°20′34″—73°43′31″E范围内,南—北长达59.10 km,东—西方向宽40.17 km,总面积1 565 km²,陆地面积9.4 km²。东侧面向印度洋,西侧为东、西环礁链间海域(图4.2,图4.3)。

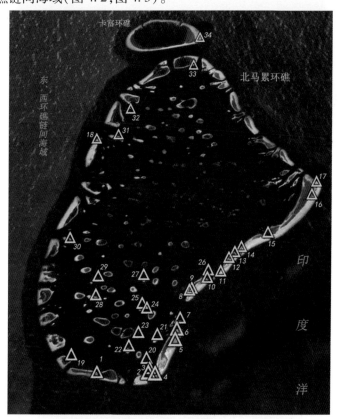

图 4.2　卫星遥感北马累环礁信息处理图示

1. 蒂拉夫斯岛　2. 马累岛　3. 富纳杜岛　4. 哈胡尔岛　5. 哈胡马累岛　6. 法鲁岛　7. 满月岛　8. 天堂岛　9. 索尼娃姬莉岛　10. 希马富斯岛　11. 梦幻岛　12. 库达呼拉岛　13. 胡拉岛　14. 卡尼岛　15. 图卢斯杜岛　16. 蒂夫斯岛　17. 美禄岛　18. 苏梅岛　19. 吉娜瓦鲁岛　20. 迪霍尼杜岛　21. 椰子岛　22. 菲杜夫斯岛　23. 阿拉西岛　24. 库达班度士岛　25. 班度士岛　26. 吉利岛　27. 苏哈姬莉岛　28. 巴洛斯岛　29. 瓦宾法鲁岛　30. 芙花芬岛　31. 马库努杜岛　32. 埃里雅杜岛　33. 卡吉岛　34. 卡富鲁岛

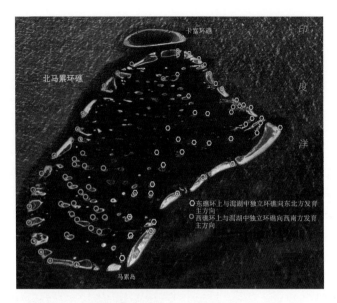

图 4.3　北马累环礁东、西礁环上与潟湖中独立环礁发育
主方向及其空间分布格局

## 2. 南礁环上珊瑚岛礁发育特征及其空间格局

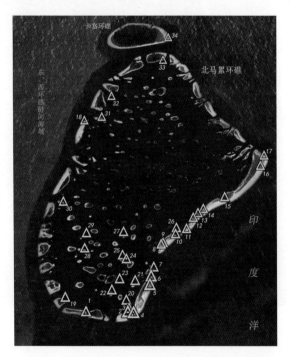

图 4.4　卫星遥感北马累环礁南礁环信息处理图示
1. 蒂拉夫斯岛　2. 马累岛　3. 富纳杜岛　4. 哈胡尔岛
5. 哈胡马累岛　6. 法鲁岛　7. 满月岛

图 4.5　卫星遥感北马累环礁中蒂拉夫斯岛信息处理图像

**表 4.1　蒂拉夫斯岛的方位、类型与发育特征**

| 编号 | 名称 | 方位 | 类型 | 发育特征 |
|---|---|---|---|---|
| 1 | 蒂拉夫斯岛<br>（Thilafushi）* | 该岛位于北马累环礁南部，马累以西约 3.68 n mile 处，该岛东端位于4°10′44″N,73°27′06″E | 独立环礁上珊瑚岛 | 　该岛发育呈现在东—西走向，长 4.84 km，中间宽 0.75 km 的独立环礁上填筑而成。岛长 1 900 m，宽 750 m，陆地面积 0.43 km²。最高海拔 2 m。据报，原为垃圾岛，现为工业用地。主要有造船、水泥包装，沼气装瓶和各种大型仓储等。<br>　该岛垃圾堆积如山，2012 年 5 月英国广播公司报道，该岛严重的环境问题，形容该岛为"世界末日" |

* 马尔代夫诸多环礁、珊瑚岛多无专门的英文名称，多采用通用的非英文的写法，可参看附件1(下同)。

图 4.6　卫星遥感北马累环礁中马累岛信息处理图像

表 4.2　马累岛的方位、类型与发育特征

| 编号 | 名称 | 方位 | 类型 | 发育特征 |
|---|---|---|---|---|
| 2 | 马累岛（Male Island） | 北马累环礁的南端,其东北端位于 4°10′38″N,73°31′07″E | 独立环礁上珊瑚岛 | 　　该岛位于北马累环礁的南部边缘,近年来,岛上通过填埋作业扩大。其呈现一头大的不规则长方形,东—西长 2.02 km,中间南—北宽约 1.36 km,是世界上人口密度第四高的岛屿,也是世界第 168 人口最多的岛屿。所有的基础设施均位于城市本身,淡化地下水提供饮用水。面积达 5.8 km²,现该岛暗礁正在填埋中。马累气候是热带季风气候,城市特征分为干季和湿季,其中干季从 1 月到 4 月,湿季从 5 月到 12 月。马累的气温全年相对一致,平均高温 30℃,平均低温 27℃,年平均降雨量为 1 600 mm |

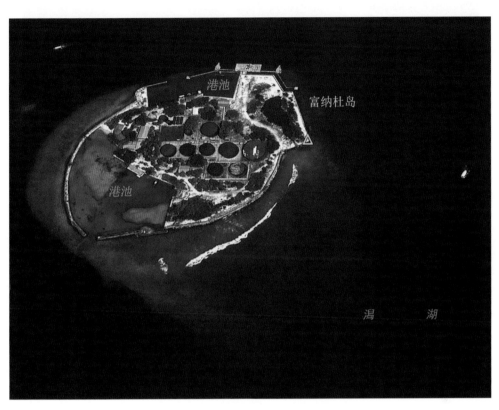

图 4.7 卫星遥感北马累环礁中富纳杜岛信息处理图像

表 4.3 富纳杜岛的方位、类型与发育特征

| 编号 | 名称 | 方位 | 类型 | 发育特征 |
|---|---|---|---|---|
| 3 | 富纳杜岛（Funadhoo） | 该岛东端位于 4°11′02″N，73°31′09″E | 独立环礁上珊瑚岛 | 该岛所在礁盘呈现西北—东南走向，该岛呈东北—西南走向椭圆形，发育在礁盘的东北部，岛上有很多油罐。距马累岛东北约 500 m，哈胡尔岛机场西南 800 m，岛长 360 m，宽 260 m，其西南侧与北侧礁盘上筑有港池 |

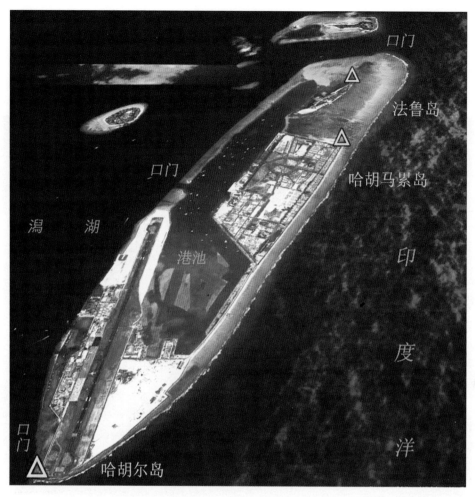

图 4.8　卫星遥感北马累环礁中哈胡尔岛、哈胡马累岛、法鲁岛等信息处理图像

表 4.4　哈胡尔岛、哈胡马累岛、法鲁岛、法鲁科珊瑚岛的方位、类型与发育特征

| 编号 | 名称 | 方位 | 类型 | 发育特征 |
|---|---|---|---|---|
| 4 | 哈胡尔岛<br>（Hulhulé） | 该岛位于马累岛的东北部 2 km 之处，其东北端位于4°10′33″N，73°31′40″E | 哈胡尔岛、哈胡马累岛、法鲁岛三岛共存于独立环礁上 | 该岛地处所在礁环的西南部，系一个狭窄的岛屿，呈现东北—西南走向，长 3 642 m，中间东—西宽 1 542 m，面积达 1.52 km²。周边直抵礁坪的外缘。马累国际机场坐落在该岛上 |
| 5 | 哈胡马累岛<br>（Hulhumalé） | 该岛系马累岛东北部 3 km 岛屿，其上东北端位于 4°13′14″N，73°32′48″E | 哈胡马累岛、哈胡尔岛、法鲁岛三岛共存于独立环礁上 | 该岛坐落在北马累环礁，马尔代夫的南部，系一人工填海岛，呈东北—西南走向，长 2 350 m，中间宽约 960 m，面积 2.1 km²。其东侧抵近环礁的东外礁坪，内临潟湖，该岛最高海拔 2 m |
| 6 | 法鲁岛<br>（Club Faru）<br>法鲁科珊瑚岛<br>（Farukolhufushi） | 该岛位于独立环礁东北部的潟湖中，东北端位于 4°14′04″N，73°32′47″E | 法鲁岛、哈鲁马累岛、哈胡尔岛三岛共存于独立环礁上 | 该岛处于哈胡尔岛以北 2 km，距马累机场 2 km，呈东北—西南走向，东北—西南方向长约 1 200 m，东西方向宽 450 m，其西南端呈现有高反射率的珊瑚沙滩。岛上生长有茂盛的热带植被，有许多椰子树 |

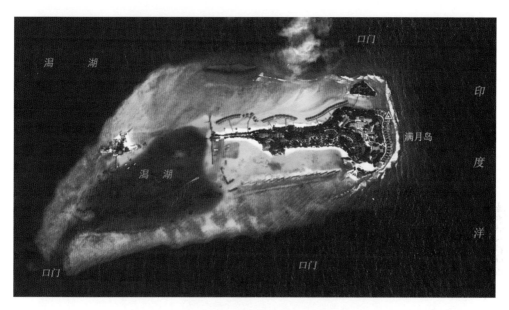

图 4.9　卫星遥感北马累环礁中满月岛信息处理图像

表 4.5　满月岛的方位、类型与发育特征

| 编号 | 名称 | 方位 | 类型 | 发育特征 |
|---|---|---|---|---|
| 7 | 满月岛<br>（Full Moon） | 该岛距马累机场 5.5 km，东北端位于 4°15′03″N，73°32′54″E | 独立环礁上珊瑚岛 | 该岛处在东北—西南走向，长 1.69 km，中间宽 0.85 km 的长条形独立环礁上。该岛呈东北—西南走向发育，其东部礁头直抵近环礁的东礁坪，像一把钥匙，长约 830 m，宽 270 m，西南侧在南、北两侧礁坪狭长发育之间为潟湖区，口门位于该独立环礁的西南端 |

## 3. 东礁环上珊瑚岛礁发育特征及其空间格局

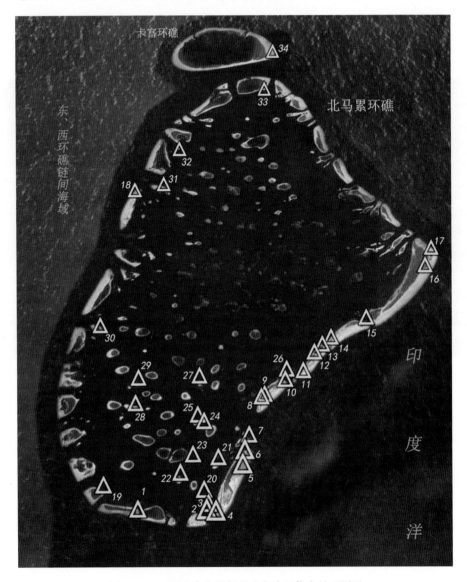

图4.10　卫星遥感北马累环礁东礁环信息处理图示

8. 天堂岛　9. 索尼娃姬莉岛　10. 希马富斯岛　11. 梦幻岛　12. 库达呼拉岛　13. 胡拉岛
14. 卡尼岛　15. 图卢斯杜岛　16. 蒂夫斯岛　17. 美禄岛

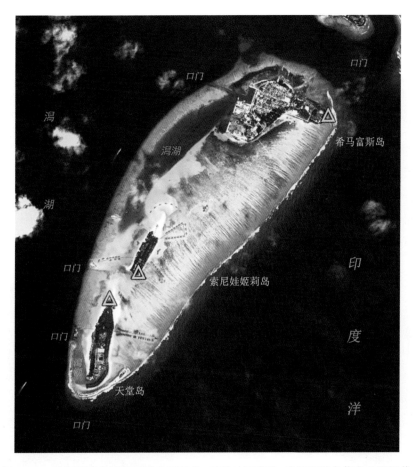

图 4.11 卫星遥感北马累环礁中天堂岛、索尼娃姬莉岛、希马富斯岛信息处理图像

表 4.6 天堂岛、索尼娃姬莉岛、希马富斯岛的方位、类型与发育特征

| 编号 | 名称 | 方位 | 类型 | 发育特征 |
|---|---|---|---|---|
| 8 | 天堂岛 (Paradise Island) | 该岛北端位于 4°17′23″N, 73°33′17″E | 礁环上珊瑚岛 | 该岛与其北部的索尼娃姬莉岛、希马富斯岛等三个珊瑚岛共同发育在东南—西南走向的长条形礁环上,该礁环长 4.45 km,中间宽约 1.55 km。该岛则位于该礁环的南端,呈南—北走向,长 987 m,宽 250 m,其外侧为宽达近 500 m 的礁坪,内侧为潟湖,再向内为复合环礁的潟湖 |
| 9 | 索尼娃姬莉岛 (Soneva Gili) | 天堂岛北部,该岛东南端位于 4°17′33″N, 73°33′27″E | 礁环上珊瑚岛 | 该岛与其南部的天堂岛、北部的希马富斯岛等三个珊瑚岛共同发育在东北—西南走向,长 4.45 km,中间宽约 1.55 km 的长条形礁环上。该岛则位于该礁环中部,该岛呈东北—西南走向,长 510 m,宽 130 m。该岛外侧的礁坪发育达 710 m,内侧为狭长的潟湖,潟湖西侧隔低礁坪往西为北马累环礁之潟湖区 |
| 10 | 希马富斯岛 (Himmafushi) | 索尼娃姬莉岛东北侧,该岛东北端位于 04°18′30″N, 73°34′35″E | 礁环上珊瑚岛 | 该岛与其南部的天堂岛、索尼娃姬莉岛等三个珊瑚岛共同发育在东北—西南走向的长条形礁环上,其则位于该礁环东北端,该岛呈手枪状,东北—西南走向,长 900 m,宽 750 m,面积 0.25 km²。外缘靠近外礁坪边缘 |

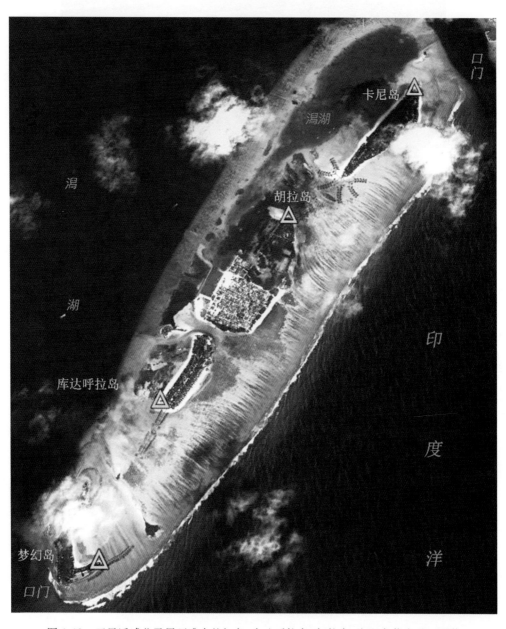

图 4.12　卫星遥感北马累环礁中梦幻岛、库达呼拉岛、胡拉岛、卡尼岛信息处理图像

表 4.7 梦幻岛、库达呼拉岛、胡拉岛、卡尼岛的方位、类型与发育特征

| 编号 | 名称 | 方位 | 类型 | 发育特征 |
|---|---|---|---|---|
| 11 | 梦幻岛<br>(东菲利岛)<br>(Dhonveli) | 库达呼拉岛南侧,该岛东北端位于 4°19′03″N,73°35′37″E | 礁环上珊瑚岛 | 梦幻岛意味水晶白色的沙子。该岛与北部的库达呼拉岛、胡拉岛、卡尼岛等四个珊瑚岛共同发育在东北—西南走向,长 4.46 km,中间宽约 1.22 km 的长条形礁环上。该岛则位于该礁环的西南端,发育呈马槽形,西北—东南长 460 m,东北—西南宽 160 m,其东南部外礁坪宽达 165 m,内侧紧靠其潟湖区,再向内为北马累环礁之潟湖及其口门 |
| 12 | 库达呼拉岛<br>(Kuda Huraa) | 梦幻岛北侧该岛西南端位于 4°19′35″N,73°35′46″E | 礁环上珊瑚岛 | 该岛与其南部的梦幻岛、北部的胡拉岛、卡尼岛等四个珊瑚岛共同发育在东北—西南走向的长条形独立礁上,四个珊瑚岛西侧有与其平行的浅水潟湖。库达呼拉岛则位于该礁环中部偏南,发育呈东北—西南走向的长条形,长 449 m,西北—东南宽 127 m。处于礁环的中间,其外礁坪宽达 558 m,内礁坪宽 417 m |
| 13 | 胡拉岛<br>(Huraa) | 该岛东北端位于 04°20′16″N,73°36′09″E | 礁环上珊瑚岛 | 该岛与其南部的梦幻岛、库达呼拉岛、北部的卡尼岛等四个珊瑚岛共同发育在东北—西南走向的长条形独立环礁上,四个珊瑚岛西侧有与其平行的浅水潟湖。该岛处于礁环的中间,其外礁坪宽达 407 m,内礁坪宽 221 m。呈近椭圆形的东北—西南走向,长 859 m,宽 300 m,面积 0.19 km² |
| 14 | 卡尼岛<br>(Cani Island) | 胡拉岛北侧,该岛东北端位于 4°20′47″N,73°36′35″E | 礁环上珊瑚岛 | 该岛与其南部的梦幻岛、库达呼拉岛、胡拉岛等四个珊瑚岛共同发育在东北—西南走向的长条形礁环上,四个珊瑚岛西侧有与其平行的浅水潟湖。该岛处于礁环的北端,其东北端外礁坪宽达 293 m,东南侧外礁坪 394 m,内礁坪隔宽达 520 m 的潟湖,宽 248 m。呈长三角形,东北—西南走向,其东北部礁头较发育,长 820 m,最宽处 217 m |

图 4.13 卫星遥感北马累环礁中图卢斯杜岛、信息处理图像

表 4.8 图卢斯杜岛的方位、类型与发育特征

| 编号 | 名称 | 方位 | 类型 | 发育特征 |
|---|---|---|---|---|
| 15 | 图卢斯杜岛<br>（Thulusdhoo） | 该岛东北端位<br>04°22′35″N，<br>73°39′12″E | 礁环上<br>珊瑚岛 | 偏东北—西南走向,礁头发育在礁环东北端,临近礁坪的外缘,呈不规则三角形,该岛南侧外礁坪宽 302 m,内侧为浅水潟湖,隔离的内礁坪宽约 115 m。该岛东—西长 1 005 m,中间南—北宽 406 m,面积 0.34 km² |

图 4.14　卫星遥感北马累环礁中蒂夫斯岛信息处理图像

表 4.9　蒂夫斯岛的方位、类型与发育特征

| 编号 | 名称 | 方位 | 类型 | 发育特征 |
|---|---|---|---|---|
| 16 | 蒂夫斯岛（Dhiffushi） | 美禄岛内侧,该岛西南端 4°26′16″N,73°42′43″E | 礁环上珊瑚岛 | 该岛位于北马累环礁东部,处于非常发育的礁环的东北部,外临宽达 518 m 的礁坪,内侧系宽约 1 947 m 的礁环的潟湖。该珊瑚岛呈蚕状,近东北—西南走向,长 947 m,中间宽达 264 m,面积 0.13 km² |

图 4.15　卫星遥感北马累环礁中美禄岛信息处理图像

表 4.10　美禄岛、梅卢芬胡斯岛的方位、类型与发育特征

| 编号 | 名称 | 方位 | 类型 | 发育特征 |
|---|---|---|---|---|
| 17 | 美禄岛<br>（Meeru Island）<br>梅卢芬胡斯岛<br>（Meerufenfushi） | 蒂夫斯岛北侧，该岛北端位于4°27′33″N，73°43′03″E | 礁环上珊瑚岛 | 　　该岛位于北马累环礁最东北端，处于非常发育的礁环最东部，外临宽达585 m的礁坪，内侧系宽约2 084 m礁环的潟湖。该珊瑚岛呈南、北不对称向东凸起的菱形，近南一北走向，南北长1 136 m，中间宽达417 m。植被茂密，有椰子树，芭蕉树，面包树和其他一些落叶乔木。动物有苍鹭，蝙蝠，蜥蜴，蜘蛛和蛇。岛屿四周海域有各种鱼类。美禄岛被包裹在白沙，绿水之中，地上铺满白沙，岛上大部分地区呈自然状态 |

## 3. 潟湖中独立环礁上珊瑚岛礁发育特征及其空间格局

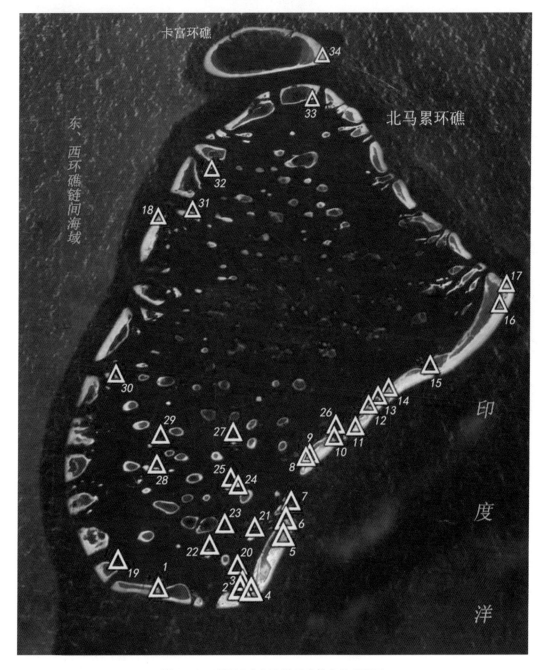

图 4.16  卫星遥感北马累环礁信息处理图示

19. 吉娜瓦鲁岛  20. 迪霍尼杜岛  21. 椰子岛  22. 菲杜夫斯岛  23. 阿拉西岛  24. 库达班度士岛

25. 班度士岛  26. 吉利岛  27. 苏哈姬莉岛  28. 巴洛斯岛  29. 瓦宾法鲁岛  30. 芙花芬岛

31. 马库努杜岛  32. 埃里雅杜岛  33. 卡吉岛  34. 卡富鲁岛

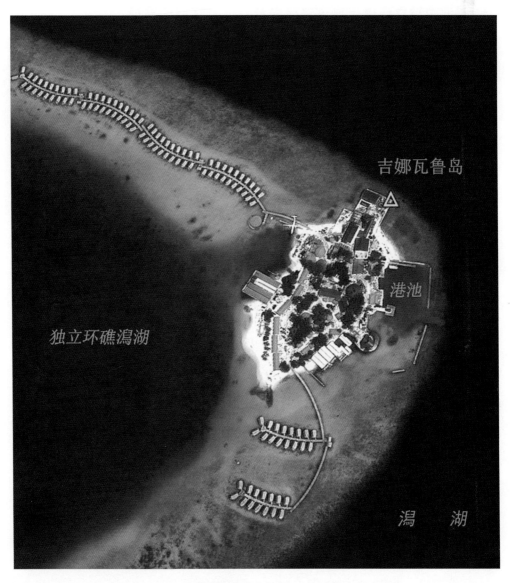

图 4.17 卫星遥感北马累环礁中吉娜瓦鲁岛信息处理图像

表 4.11 吉娜瓦鲁岛的方位、类型与发育特征

| 编号 | 名称 | 方位 | 类型 | 发育特征 |
|---|---|---|---|---|
| 19 | 吉娜瓦鲁岛<br>（Giravaru Island） | 北马累环礁西南，该岛东北端位于4°12′06″N，73°24′49″E | 独立环礁上册瑚岛 | 该岛呈东北—西南走向，处于东北—西南宽达1 771 m，西北—东南长1 885 m的独立环礁的东北端，形似不规则椭圆形，长279 m，宽142 m，面积28 131 m²，珊瑚岛东北端距海岸20 m，岛的东侧港池紧邻东礁坪外缘 |

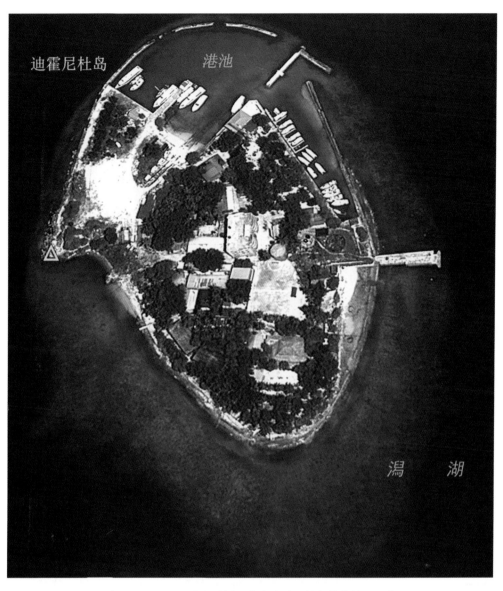

图 4.18　卫星遥感北马累环礁中迪霍尼杜岛信息处理图像

表 4.12　迪霍尼杜岛的方位、类型与发育特征

| 编号 | 名称 | 方位 | 类型 | 发育特征 |
|---|---|---|---|---|
| 20 | 迪霍尼杜岛<br>（Dhoonidhoo） | 距哈胡尔岛1 300 m，该岛西端位于4°11′49″ N，73°30′46″E | 潟湖内独立环礁上的珊瑚岛 | 该岛处于潟湖内，主要发育在呈椭圆形，西北—东南走向，长439 m，中间宽约296 m的独立环礁上，该岛则发育在独立环礁礁盘的北侧，为不规则形状，岛的主体呈南—北走向，长270 m，宽度237 m岛的东侧与北侧呈现有浅水礁盘，该岛所处礁盘向南延伸 |

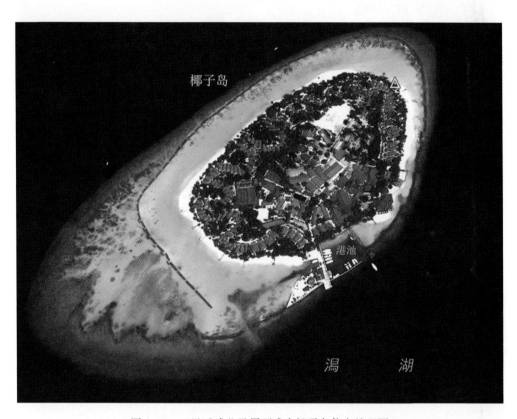

图 4.19　卫星遥感北马累环礁中椰子岛信息处理图

表 4.13　椰子岛的方位、类型与发育特征

| 编号 | 名称 | 方位 | 类型 | 发育特征 |
|---|---|---|---|---|
| 21 | 椰子岛(韦哈马纳珊瑚岛, Viha-manaafushi)(可伦巴岛,Kurumba) | 西南相距马累岛约 5 km,哈胡尔岛西北 3 km,该岛东北端位于4°13′42″N,73°31′17″E | 潟湖内独立环礁上珊瑚岛 | 该岛处于潟湖内,发育在东北—西南走向,长956 m,中间西北—东南宽492 m,独立环礁上,该岛形似椭圆形,呈东北—西南走向,长约485 m,最宽361 m,环岛礁坪发育。其中,西北部宽70.65 m、东北部宽89.35 m、东南部宽35.85 m,而西南部礁坪延伸达271.53 m。岛上椰子树茂密 |

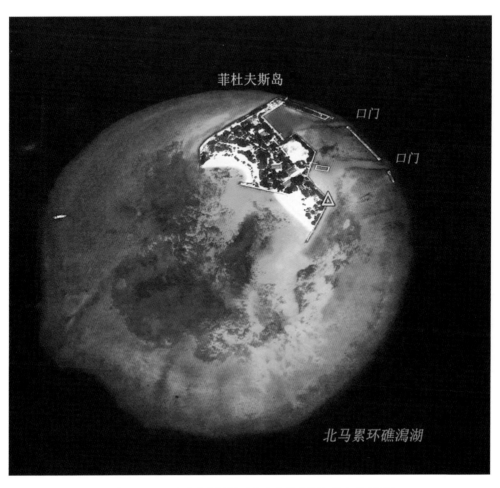

图 4.20　卫星遥感北马累环礁中菲杜夫斯岛信息处理图

表 4.14　菲杜夫斯岛的方位、类型与发育特征

| 编号 | 名称 | 方位 | 类型 | 发育特征 |
|---|---|---|---|---|
| 22 | 菲杜夫斯岛（Feydhoofinolhu） | 马累以北偏西 4.12 km 处，其东北端位于 4°12′48″N，73°29′12″E | 潟湖内独立环礁上册瑚岛 | 该岛处于潟湖内，发育在独立环礁上东北部，形似椭圆形，向东北侧的外礁坪宽达 143.85 m，呈东北—西南走向，长 322 m，中间宽 142 m，岛的内侧呈现浅水区。港池外防波堤紧邻东北外礁坪边缘 |

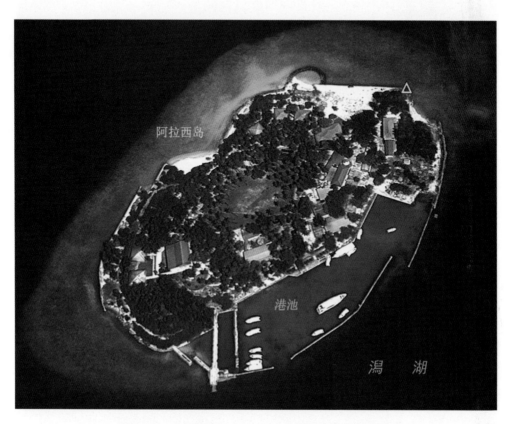

图 4.21 卫星遥感北马累环礁中阿拉西岛信息处理图

表 4.15 阿拉西岛的方位、类型与发育特征

| 编号 | 名称 | 方位 | 类型 | 发育特征 |
|---|---|---|---|---|
| 23 | 阿拉西岛（Aarah） | 马累岛以北 5.5 km，该岛东北端位于 04°13″53″N，73°29′45″E | 潟湖内独立环礁上册瑚岛 | 该岛处于潟湖内，发育在独立环礁上，周边呈现浅水礁盘，形似不规则椭圆形，呈东北—西南走向，该岛东北端与西南端向外延伸浅水区达 63～72 m，岛长 367 m，宽 174 m。其东南礁坪上筑有港池，防波堤紧靠东南礁坪外缘 |

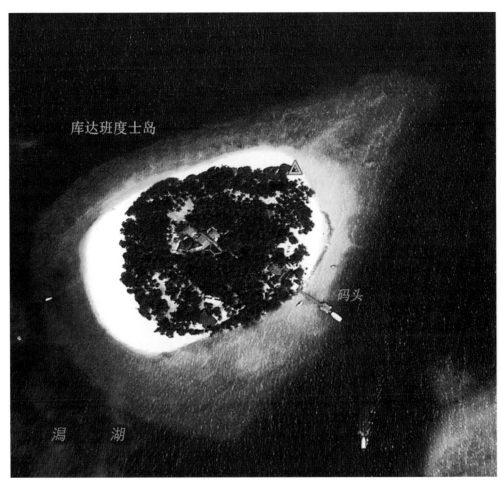

图 4.22　卫星遥感北马累环礁中库达班度士岛信息处理图

表 4.16　库达班度士岛的方位、类型与发育特征

| 编号 | 名称 | 方位 | 类型 | 发育特征 |
|---|---|---|---|---|
| 24 | 库达班度士岛<br>（Kuda Bandos） | 马累岛以北约9 km，该岛东北端位于 4°15′53″N，73°30′02″E | 潟湖内独立环礁上珊瑚岛 | 该岛处于潟湖内，发育在独立环礁上，周边呈现浅水礁盘，形似椭圆形，发育偏向东北—西南走向，东北端与西南端礁坪发育宽达 43 m，而西北部与西北部礁坪则部不甚发育。岛的浅水礁盘呈现东北—西南走向，岛东北—西南长 218 m，西北—东南宽约 197 m |

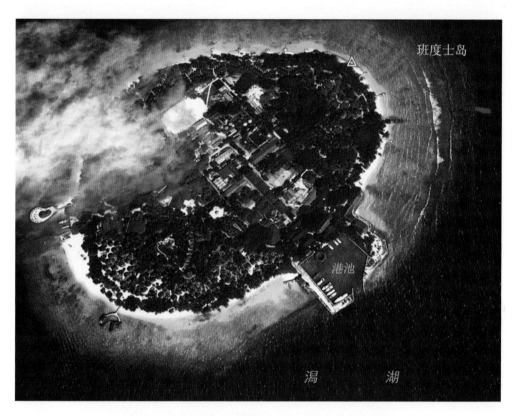

图 4.23 卫星遥感北马累环礁中班度士岛信息处理图

表 4.17 班度士岛的方位、类型与发育特征

| 编号 | 名称 | 方位 | 类型 | 发育特征 |
|---|---|---|---|---|
| 25 | 班度士岛（Bandos） | 该岛东北端位于 4°16′17″N，73°29′35″E | 潟湖内独立环礁上册瑚岛 | 该岛处于潟湖内，发育在独立环礁上，形似椭圆形，东北—西南长轴约537 m，西北—东南短轴宽452 m，面积达178 900 m²。岛的东北侧礁坪上呈现涌浪信息，其宽达175 m，相对其他周边礁坪较发育 |

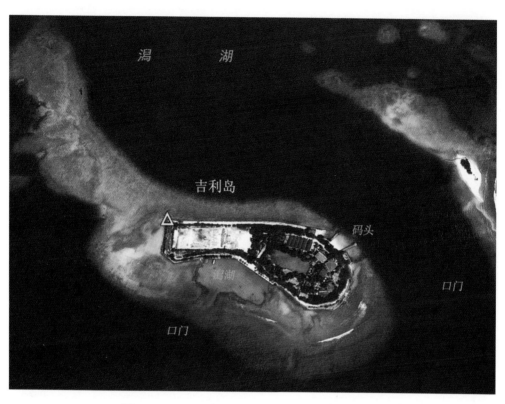

图 4.24　卫星遥感北马累环礁中吉利岛信息处理图

**表 4.18　吉利岛的方位、类型与发育特征**

| 编号 | 名称 | 方位 | 类型 | 发育特征 |
|---|---|---|---|---|
| 26 | 吉利岛<br>（Giri Fushi） | 该岛地处希马富斯岛北部，东礁环口门处，其西北端位于 4°19′09″N，73°34′35″E | 潟湖内独立环礁上珊瑚岛 | 该岛处于潟湖内，发育在独立环礁东南端，其发育走向受礁盘控制，呈不规则长条形，西北—东南长约 465 m，中间宽 135 m。其东北侧较为发育，直抵东北礁坪外缘，西南侧礁坪较为扩展 |

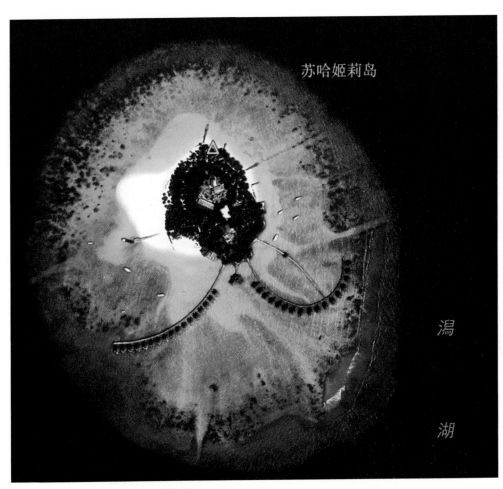

图 4.25　卫星遥感北马累环礁中苏哈姬莉岛信息处理图

表 4.19　苏哈姬莉岛的方位、类型与发育特征

| 编号 | 名称 | 方位 | 类型 | 发育特征 |
|------|------|------|------|----------|
| 27 | 苏哈姬莉岛<br>（蓝色美人蕉，<br>Thulhagiri） | 该岛北端位<br>于 4°18′45″N，<br>73°29′15″E | 潟湖内<br>独立环<br>礁上珊<br>瑚岛 | 该岛处于潟湖内，发育在独立环礁偏北侧上，近圆形，东<br>北—西南长约 165 m，西北—东南宽 191 m，该岛西侧高反<br>射率的珊瑚沙滩东—西宽达 87.21 m。环岛浅水域宽约<br>60 m。岛上有高大的棕榈树，白色沙滩。临近岛屿的发育<br>的礁坪上，水内行舟 |

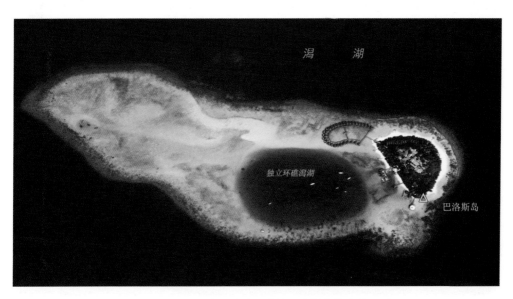

图 4.26　卫星遥感北马累环礁中巴洛斯岛信息处理图

表 4.20　巴洛斯岛的方位、类型与发育特征

| 编号 | 名称 | 方位 | 类型 | 发育特征 |
|---|---|---|---|---|
| 28 | 巴洛斯岛（Aros） | 该岛东南部位于 4°17′00″N，73°25′39″E | 潟湖内独立环礁上册瑚岛 | 该岛处于潟湖内,发育在独立环礁东北端上,近半椭圆形,呈东北发育方向,东北—西南长 192 m,西北—东南宽 263 m。环岛礁坪东北端与东南侧约为 33.36 m,西北侧则为 25.62 m。该岛西侧为独立环礁潟湖区,礁盘向西延伸达千米以上 |

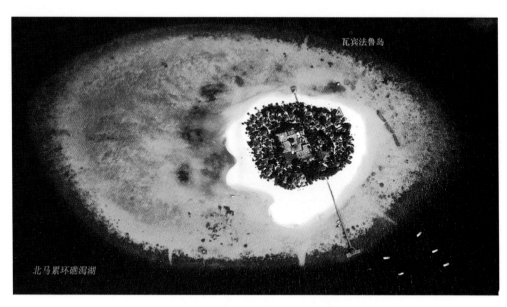

图 4.27　卫星遥感北马累环礁中瓦宾法鲁岛信息处理图

表 4.21　瓦宾法鲁岛的方位、类型与发育特征

| 编号 | 名称 | 方位 | 类型 | 发育特征 |
|---|---|---|---|---|
| 29 | 瓦宾法鲁岛（Vabibiafaru） | 距马累岛 16.9 km,东北端位于 4°18′38″N,73°25′29″E | 潟湖内独立环礁上珊瑚岛 | 该岛处于潟湖内,发育在独立环礁偏东端上,近椭圆形,东北—西南长轴 199 m,西北—东南短轴宽 171 m。环岛礁坪宽东北方向为 55.79 m,西南方向 60.34 m,东南方向 55.45 m,西北方向 27.25 m,该岛地处礁盘的东北端发育而成。该岛与临近珊瑚岛发育区位,均呈现在礁坪东北部。岛上覆盖热带植被,岛上有度假村,为旅游地 |

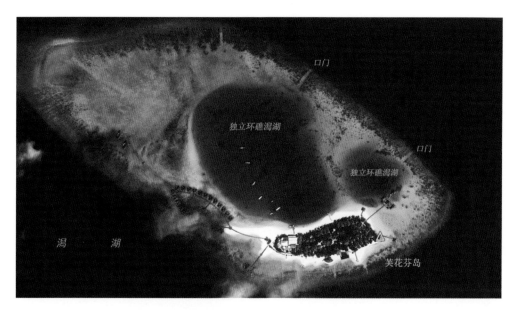

图 4.28　卫星遥感北马累环礁中芙花芬岛信息处理图

表 4.22　芙花芬岛的方位、类型与发育特征

| 编号 | 名称 | 方位 | 类型 | 发育特征 |
|---|---|---|---|---|
| 30 | 芙花芬岛（Huvafen Fushi） | 距马累机场 24 km,该岛东端位于 4°22′06″N,73°22′18″E | 潟湖内独立环礁上册瑚岛 | 该岛地处潟湖内的西北—东南长 1.59 km,东北—西南向中间宽 0.73 km 的独立环礁东南侧礁坪之上,偏东北—西南走向,呈长条萝卜形,长 311 m,中间宽 101 m。其东北端礁坪发育方向趋向东北,长达 300.61 m,岛的西南方向礁坪呈现高反射率的礁坪上册瑚沙滩长达 168.16 m,宽 30~95 m。该岛北侧为独立环礁的潟湖 |

图 4.29　卫星遥感北马累环礁中马库努杜岛信息处理图

表 4.23　马库努杜岛的方位、类型与发育特征

| 编号 | 名称 | 方位 | 类型 | 发育特征 |
|---|---|---|---|---|
| 31 | 马库努杜岛<br>(Makunudu) | 该岛西端位于 4°32′34″N,73°24′17″E | 潟湖内独立环礁上珊瑚岛 | 该岛地处潟湖内西北部临近口门,呈西北—东南长 3.04 km,东北—西南向中间宽 1.04 km 的菱形独立环礁东南侧礁坪之上,偏东—西走向,呈不规则长条形,长 281 m,中间宽 112 m。环岛礁坪上发育呈现有高反射率的珊瑚沙滩宽达 8～37 m,其中,以西侧最宽。该岛北侧为独立环礁的潟湖,占地面积 20 000 m²。岛上被棕榈树完全覆盖 |

图 4.30　卫星遥感北马累环礁中埃里雅杜岛信息处理图

表 4.24　埃里雅杜岛的方位、类型与发育特征

| 编号 | 名称 | 方位 | 类型 | 发育特征 |
|---|---|---|---|---|
| 32 | 埃里雅杜岛（Eriyadu Island） | 距马累 46 km，该岛西北端位于 4°35′27″N，73°24′50″E | 潟湖内独立环礁上珊瑚岛 | 该岛地处潟湖内西北部临近口门，呈西北—东南长 669 m，东北—西南向中间宽 292 m 的不规则椭圆形，独立环礁北侧礁坪之上，偏西北—东南走向，呈长条椭圆形长 268 m，中间宽 122 m。环岛礁坪上发育呈现有高反射率的珊瑚沙滩宽达 6~69 m，其中，以西北侧最宽，达 70 m 以上。环岛礁坪上，水深可行舟 |

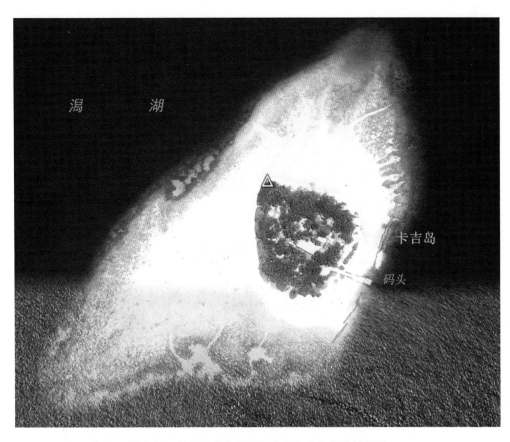

图 4.31  卫星遥感北马累环礁中卡吉岛信息处理图

**表 4.25  卡吉岛的方位、类型与发育特征**

| 编号 | 名称 | 方位 | 类型 | 发育特征 |
|---|---|---|---|---|
| 33 | 卡吉岛<br>（Kagi Island） | 该岛位于北马累环礁北部,距马累机场约 53 km,该岛西北端位于 4°40′37″N,73°30′04″E | 潟湖内独立环礁上珊瑚岛 | 该岛地处潟湖内北部临近口门,呈东北—西南走向,长 683 m,西北—东南向中间宽 341 m 的桃形独立环礁的中间偏北侧礁坪之上,偏西北—东南走向,长 175 m,中间东北—西南宽 149 m。环岛礁坪上发育呈现有高反射率珊瑚滩宽达 37~169 m,其中,以西南侧延伸达 170 m 以上,其次向东北部延伸 115 m |

# 第三节　北马洛斯马杜卢环礁(拉阿环礁)与
## 独立环礁、珊瑚岛发育特征及其空间分布

北马洛斯马杜卢环礁地处东、西环礁链中的西环礁链,5°19′47″—5°59′03″N, 72°47′07″—73°02′54″E 范围内,南—北长达 72.92 km,东—西方向宽 29.55 km,属半封闭型复合环礁,包括有独立环礁、礁环、潟湖、口门与典型珊瑚岛等地貌类型,其中,有 88 个岛屿,陆地面积 13.1 km²。属热带季风气候,年降水量 2 600 mm。西侧面向印度洋,东侧为东、西环礁链间海域。

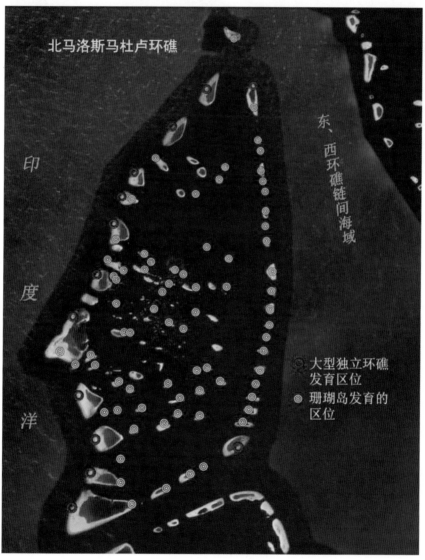

图 4.32　卫星遥感北马洛斯马杜卢环礁中大型独立环礁与珊瑚岛发育图示

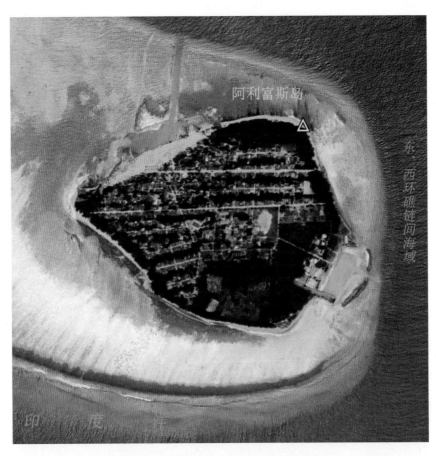

图 4.33　卫星遥感北马洛斯马杜卢环礁中阿利富斯岛信息处理图像

表 4.26　阿利富斯岛的方位、类型与发育特征

| 编号 | 名称 | 方位 | 类型 | 发育特征 |
|---|---|---|---|---|
| 1 | 阿利富斯岛（Alifushi） | 该岛东北端位于5°58′14″N，72°57′22″E | 礁环上独立环礁 | 该岛发育在北马洛斯马杜卢环礁礁环北部顶端的独立环礁东南端，呈桃形，东—西长1 080 m，南—北宽达789 m，临近岛的西侧呈现浅水潟湖。环岛礁坪发育宽约230 m，其中，西南部宽达570 m以上，面积0.46 km²。环岛临近呈现为深水礁坪 |

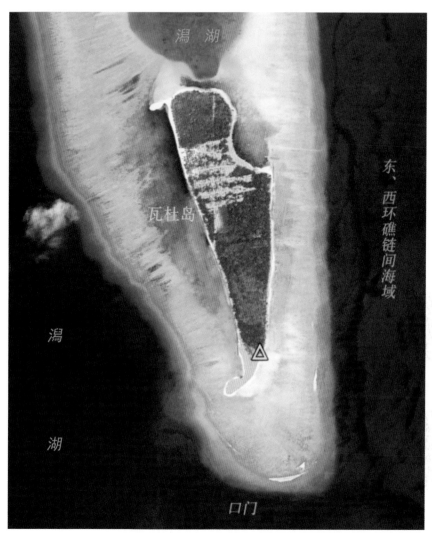

图 4.34　卫星遥感北马洛斯马杜卢环礁中瓦杜岛信息处理图像

表 4.27　瓦杜岛的方位、类型与发育特征

| 编号 | 名称 | 方位 | 类型 | 发育特征 |
|---|---|---|---|---|
| 2 | 瓦杜岛（Vaadhoo） | 该岛南端位于5°51′00″N,72°59′37″E | 礁环上独立环礁 | 该岛发育在北马洛斯马杜卢环礁东礁环的北部,独立环礁的南侧,形似不规则倒三角形,南—北长 1 429 m,中间东—西宽 334 m,面积 0.31 km²。该岛外礁坪宽达 271 m,内礁坪宽则 403 m,表征了该岛面向东向发育的趋势。该岛北侧呈现南—北长 2 579 m,中间东—西宽达 970 m 不规则的椭圆形潟湖 |

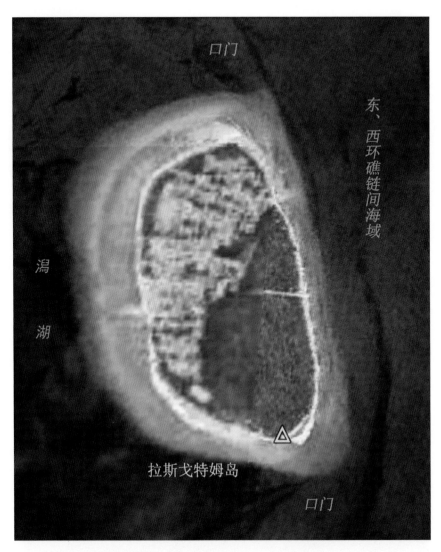

图 4.35  卫星遥感北马洛斯马杜卢环礁中拉斯戈特姆岛信息处理图像

表 4.28  拉斯戈特姆岛的方位、类型与发育特征

| 编号 | 名称 | 方位 | 类型 | 发育特征 |
|---|---|---|---|---|
| 3 | 拉斯戈特姆岛<br>（Rashgetheemu） | 该岛相距马累岛 188.75 km，该岛南端位于 05°48′13″N，73°00′18″E | 礁环上独立环礁 | 该岛发育在北马洛斯马杜卢环礁东礁环北部，独立环礁的南侧，形似不规则椭圆形。南—北长 929 m，中间东—西宽 479 m，面积 0.31 km²。该岛外礁坪宽仅 76 m，内礁坪宽则达 196 m，表征了该岛面向东向发育的趋势 |

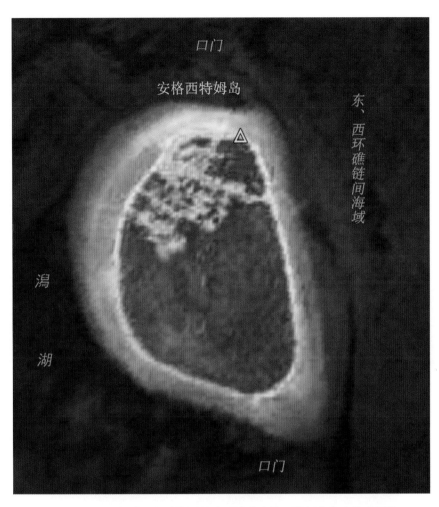

图 4.36　卫星遥感北马洛斯马杜卢环礁中安格西特姆岛信息处理图像

表 4.29　安格西特姆岛的方位、类型与发育特征

| 编号 | 名称 | 方位 | 类型 | 发育特征 |
|---|---|---|---|---|
| 4 | 安格西特姆岛（Angolhetheemu） | 该岛相距马累岛186.98 km，其北端位于5°47′47″N，73°00′26″E | 礁环上独立环礁之珊瑚岛 | 该岛发育在北马洛斯马杜卢环礁东礁环的北部，独立环礁中，形似不规则椭圆形，近南—北长891 m，中间东—西宽528 m，面积0.32 km²。该岛外礁坪宽仅86 m，内礁坪宽则达160 m，表征了该岛面向东向发育的趋势 |

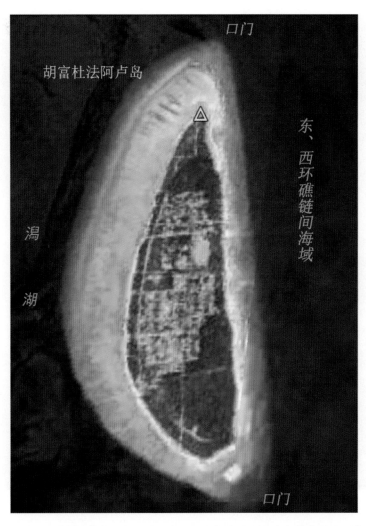

图 4.37　卫星遥感北马洛斯马杜卢环礁中胡富杜法阿卢岛信息处理图像

表 4.30　胡富杜法阿卢岛的方位、类型与发育特征

| 编号 | 名称 | 方位 | 类型 | 发育特征 |
|---|---|---|---|---|
| 5 | 胡富杜法阿卢岛（Hulhudhuffaaru） | 该岛相距马累岛 183.91 km，其北端位于5°46′23″N，73°00′43″E | 礁环上独立环礁的珊瑚岛 | 该岛发育在北马洛斯马杜卢环礁东礁环的中部，独立环礁中，形似长形萝卜，近南—北长 1 656 m，中间东—西宽 433 m，面积 0.49 km²。该岛外礁坪宽仅 138 m，内礁坪宽则达 321 m，表征了该岛面向东向发育的趋势 |

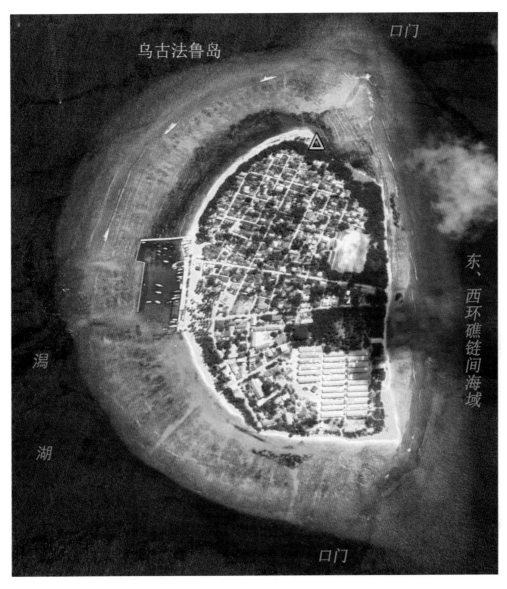

图4.38　卫星遥感北马洛斯马杜卢环礁中乌古法鲁岛信息处理图像

表4.31　乌古法鲁岛的方位、类型与发育特征

| 编号 | 名称 | 方位 | 类型 | 发育特征 |
|---|---|---|---|---|
| 6 | 乌古法鲁岛<br>（Ungoofaaru） | 北马洛斯马杜卢环礁东部边缘,距马累岛172.92 km,该岛北端位于05°40′17″N,73°01′49″E | 礁环上独立环礁之珊瑚岛 | 该岛发育在北马洛斯马杜卢环礁东礁环的中部,独立环礁中,形似大半圆形,近南—北长1 266 m,中间东—西宽861 m,岛长774 m,中间东—西宽达496 m,面积0.28 km²。该岛外礁坪宽仅49 m,内礁坪宽则达345 m,表征了该岛面向东向发育的趋势。珍珠岛度假村在环礁南部 |

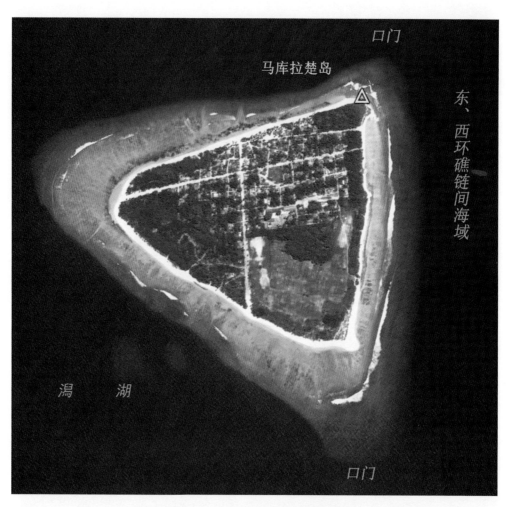

图 4.39　卫星遥感北马洛斯马杜卢环礁中马库拉楚岛信息处理图像

表 4.32　马库拉楚岛的方位、类型与发育特征

| 编号 | 名称 | 方位 | 类型 | 发育特征 |
|---|---|---|---|---|
| 7 | 马库拉楚岛<br>（Maakurathu） | 距马累 165.96 km，该岛东北端位于 05°36′35″N，73°02′48″E | 礁环上独立环礁之珊瑚岛 | 　该岛发育在北马洛斯马杜卢环礁东礁环的中部偏南，独立环礁中，形似三角形，东—西长 1 175 m，最宽处在东部 1 101 m，岛东—西长 852 m，最宽处在东部 855 m，面积 0.43 km²。该岛外礁坪宽仅 81 m，内礁坪宽则达 246 m，表征了该岛面向东发育的趋势 |

图 4.40　卫星遥感北马洛斯马杜卢环礁中因纳马杜岛信息处理图像

表 4.33　因纳马杜岛的方位、类型与发育特征

| 编号 | 名称 | 方位 | 类型 | 发育特征 |
|---|---|---|---|---|
| 8 | 因纳马杜岛（Innamaadhoo） | 距马累 160.34 km，该岛东端位于 05°32′53″N，73°02′52″E | 礁环上独立环礁之珊瑚岛 | 　该岛发育在北马洛斯马杜卢环礁东礁环的中部偏南，独立环礁中，形似一头大的长条圆形，东—西长 977 m，中间南—北宽 557 m。岛东—西长 869 m，中间南—北宽达 450 m，面积 0.28 km²。环岛呈现有高反射率沙滩，该岛外礁坪宽仅 31 m，内礁坪宽则达 112 m，表征了该岛面向东发育的趋势 |

图 4.41　卫星遥感北马洛斯马杜卢环礁中因古莱杜岛信息处理图像

表 4.34　因古莱杜岛的方位、类型与发育特征

| 编号 | 名称 | 方位 | 类型 | 发育特征 |
|---|---|---|---|---|
| 9 | 因古莱杜岛<br>（Inguraidhoo） | 该岛距马累岛 152.94 km，该岛东端位于 05°28′34″N，73°02′37″E | 礁环上独立环礁之珊瑚岛 | 该岛发育在北马洛斯马杜卢环礁东礁环的南部，独立环礁中，形似长条黄瓜形，东—西长 170 6m，中间南—北宽 415 m。岛东—西长 1 525 m，中间南—北宽达 330 m，面积 0.35 km²。环岛呈现有高反射率的沙滩，该岛外礁坪宽仅 45 m，内礁坪宽则达 147 m，表征了该岛面向东发育的趋势 |

图 4.42　卫星遥感北马洛斯马杜卢环礁中法努岛信息处理图像

表 4.35　法努岛的方位、类型与发育特征

| 编号 | 名称 | 方位 | 类型 | 发育特征 |
|---|---|---|---|---|
| 10 | 法努岛<br>(Fainu) | 该岛距马累岛 151.5 km，其东南端位于 5°27′40″N，73°02′25″E | 礁环上独立环礁之珊瑚岛 | 该岛发育在北马洛斯马杜卢环礁东礁环的南部，独立环礁中，呈东—西走向偏南的不规则长条形，东—西长 1 761 m，中间南—北宽 781 m。岛东—西长 1 187 m，中间南—北宽达 520 m，面积 0.50 km²。该岛东北方的礁坪向外延伸达 586 m，而向东南侧宽仅 195 m，内礁坪宽则达 201 m，南、北两侧礁坪各为 70 m 左右，表征了该岛面向东北发育的趋势 |

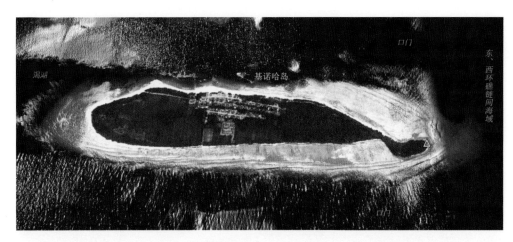

图 4.43  卫星遥感北马洛斯马杜卢环礁中基诺哈岛信息处理图像

表 4.36  基诺哈岛的方位、类型与发育特征

| 编号 | 名称 | 方位 | 类型 | 发育特征 |
|------|------|------|------|----------|
| 11 | 基诺哈岛<br>（Kinolhas） | 该岛距马累岛150.28 km，该岛东端位于 5°26′49″N，73°02′22″E | 礁环上独立环礁之珊瑚岛 | 该岛发育在北马洛斯马杜卢环礁东礁环的南部，独立环礁中，呈东—西走向，形似不规则长条鱼，东—西长 2 338 m，中间南—北宽 539 m。岛东—西长 1 967 m，中间南—北宽达 342 m，面积0.45 km²。该岛东礁坪相对发育，外礁坪向东南侧宽仅 116 m，内礁坪宽则达 293 m，南、北两侧礁坪为 101～121 m 左右，表征了该岛面向东发育的趋势 |

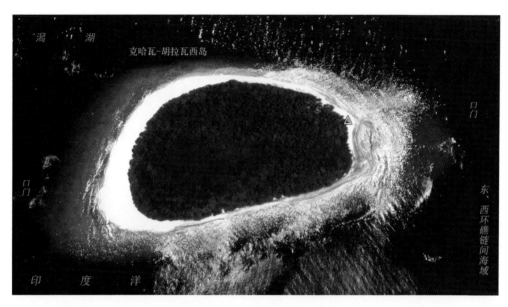

图 4.44　卫星遥感北马洛斯马杜卢环礁中克哈瓦－胡拉瓦西岛信息处理图像

表 4.37　克哈瓦－胡拉瓦西岛的方位、类型与发育特征

| 编号 | 名称 | 方位 | 类型 | 发育特征 |
|---|---|---|---|---|
| 12 | 克哈瓦－胡拉瓦西岛（Kihavah Huravalhi） | 该岛南部临近南马洛斯马杜卢环礁，东北端位于 5°24′04″N，72°59′35″E | 礁环上独立环礁之珊瑚岛 | 该岛发育在北马洛斯马杜卢环礁南礁环的东部，独立环礁中，呈东—西走向，形似不规则椭圆形，东北—西南长 695 m，中间西北—东南宽 370 m，岛东北—西南长 424 m，中间西北—东南宽达 253 m。环岛呈现有高反射率的沙滩，岛的外礁坪向东北方延伸约 29 m，内礁坪宽则达 174 m，南、北两侧礁坪约为 60 m 左右，表征了该岛面向东发育的趋势 |

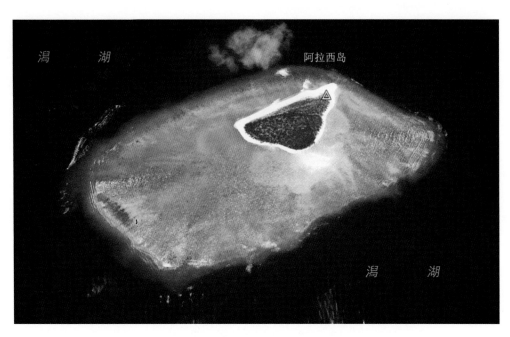

图 4.45　卫星遥感北马洛斯马杜卢环礁中阿拉西岛信息处理图像

表 4.38　阿拉西岛的方位、类型与发育特征

| 编号 | 名称 | 方位 | 类型 | 发育特征 |
|------|------|------|------|----------|
| 13 | 阿拉西岛<br>（Aarah） | 该岛位于北马洛斯马杜卢环礁潟湖中南部，岛的东北端位于 05°26′54″N，72°56′34″E | 潟湖中独立环礁之珊瑚岛 | 该岛发育在北马洛斯马杜卢环礁潟湖南部，独立环礁东北端，呈向南凸出的东北—西南走向，东北—西南长 1 848 m，中间西北—东南宽 960 m，岛东北—西南长 450 m，中间西北—东南宽达 254 m，形似三角形。该岛外礁坪向东北方延伸约 169 m，内礁坪宽则达 905 m，北侧礁坪延伸约 244 m，南侧礁坪扩展达 358 m，表征了该岛面向东北发育的趋势 |

图 4.46　卫星遥感北马洛斯马杜卢环礁中梅杜岛信息处理图像

表 4.39　梅杜岛的方位、类型与发育特征

| 编号 | 名称 | 方位 | 类型 | 发育特征 |
|---|---|---|---|---|
| 14 | 梅杜岛（Meedhoo） | 该岛距马累岛 154.3 km,其东北端位于 5°27′35″N,72°57′32″E | 潟湖中独立环礁之珊瑚岛 | 该岛发育在北马洛斯马杜卢环礁潟湖南部,独立环礁中,独立环礁呈近东北—西南走向,形似菱形,东北—西南长 1 344 m,中间西北—东南宽697 m。岛近东北—西南长 888 m,中间西北—东南宽约 532 m,面积0.31 km²。该岛外礁坪向东北方延伸约 60 m,内礁坪则向西南延伸达 353 m,北侧礁坪约 79 m,南侧礁坪扩展达 82 m 以上,表征了该岛面向东北发育的趋势。为旅游度假地 |

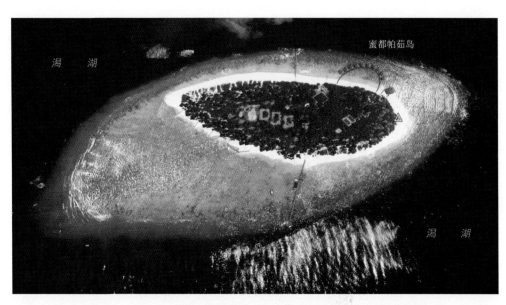

图 4.47　卫星遥感北马洛斯马杜卢环礁中密都帕茹岛信息处理图像

表 4.40　蜜都帕茹岛的方位、类型与发育特征

| 编号 | 名称 | 方位 | 类型 | 发育特征 |
|---|---|---|---|---|
| 15 | 蜜都帕白岛<br>（Meedhupparu） | 该岛东端位于 5°27′22″N，72°58′49″E | 潟湖中独立环礁之珊瑚岛 | 该岛发育在北马洛斯马杜卢环礁潟湖南部，独立环礁中，独立环礁呈东北—西南走向，形似长椭圆形，东北—西南长 1 394 m，中间西北—东南宽 652 m。岛东—西长 706 m，中间南—北宽约 291 m。该岛处于独立环礁偏东北部，其外礁坪向东北方延伸约 262 m，内礁坪则向西南延伸 539 m，北侧礁坪约 147 m，南侧礁坪扩展达 193 m，表征了该岛面向东北发育的趋势。为旅游度假地 |

图 4.48　卫星遥感北马洛斯马杜卢环礁中马杜维雷岛信息处理图像

表 4.41　马杜维雷岛的方位、类型与发育特征

| 编号 | 名称 | 方位 | 类型 | 发育特征 |
|---|---|---|---|---|
| 16 | 马杜维雷岛（Maduvvaree） | 该岛距马累岛159.55 km，其东端位于 5°29′06″N，72°53′56″E | 潟湖中独立环礁上册瑚岛 | 该岛发育在北马洛斯马杜卢环礁潟湖南部，独立环礁中，独立环礁呈东—西走向，形似不规则椭圆形，东—西长 1 142 m，中间北—南宽 680 m。该岛居于独立环礁东北侧礁坪上，东—西长 639 m，中间南—北宽约 415 m，面积 0.16 km²。该岛外礁坪向东延伸约 213 m，内礁坪则向西延伸 291m，北侧礁坪最窄约 20 m，南侧礁坪扩展达 229 m，表征了该岛面向东北发育的趋势 |

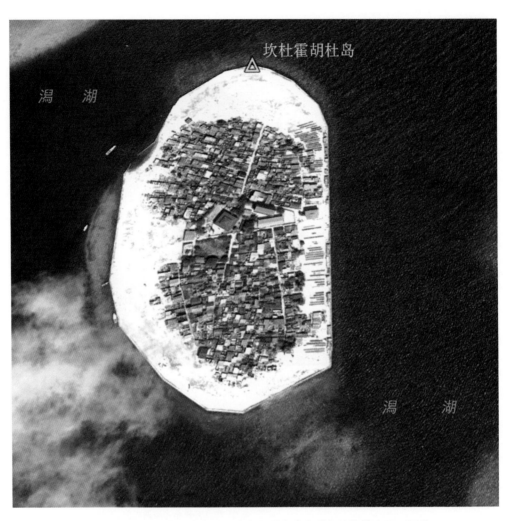

图 4.49　卫星遥感北马洛斯马杜卢环礁中坎杜霍胡杜岛信息处理图像

表 4.42　坎杜霍胡杜岛的方位、类型与发育特征

| 编号 | 名称 | 方位 | 类型 | 发育特征 |
|---|---|---|---|---|
| 17 | 坎杜霍胡杜岛<br>（Kandholhudhoo） | 该岛距马累岛175.84 km，其北端位于 5°37′15″N，72°51′19″E | 潟湖中独立环礁上珊瑚岛 | 该岛发育在北马洛斯马杜卢环礁潟湖中西部，独立环礁中，独立环礁呈南—北走向，形似不规则大半圆形，南—北长 505 m，中间东—西宽 321 m。该岛居于近整个独立环礁上，南—北长 500 m，中间东—西宽约 279 m，有人工建筑区面积 0.05 km²。该岛外礁坪仅表征在岛的西侧宽约 41 m，其他周边礁坪宽 30 m 以内 |

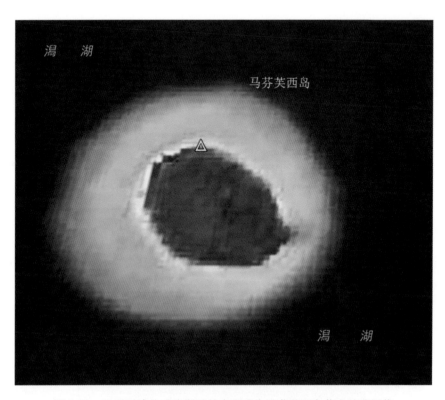

图 4.50　卫星遥感北马洛斯马杜卢环礁中马芬芙西岛信息处理图像

表 4.43　马芬芙西岛的方位、类型与发育特征

| 编号 | 名称 | 方位 | 类型 | 发育特征 |
|---|---|---|---|---|
| 18 | 马芬芙西岛（Maafenfushi） | 该岛北端位于 5°45′12″N，72°57′39″E | 潟湖中独立环礁之珊瑚岛 | 该岛发育在北马洛斯马杜卢环礁潟湖北部，独立环礁中，独立环礁呈不规则圆形，南—北宽 945 m，中间东—西长 1 001 m。该岛居于独立环礁中央，南—北长 471 m，中间东—西宽约 470 m，环岛礁坪宽达 277 ~ 3 301 m。岛上树林茂盛 |

# 第四节 苏瓦迪瓦环礁与独立环礁、珊瑚岛发育特征及其空间格局

## 1. 概述

苏瓦迪瓦环礁(一度半环礁 Suvadiva),又称胡瓦杜环礁(Huvadu),总面积3 152 km²,是世界上著名的环礁之一,地处 0°10′46″—0°55′18.09″N,72°59′07″—73°34′54.21″E 范围内。陆地总面积38.5km²。分为北苏瓦迪瓦环礁(North Huvadhu Atoll)和南苏瓦迪瓦环礁(South Huvadhu Atoll)两个行政区,上有几十个岛屿。

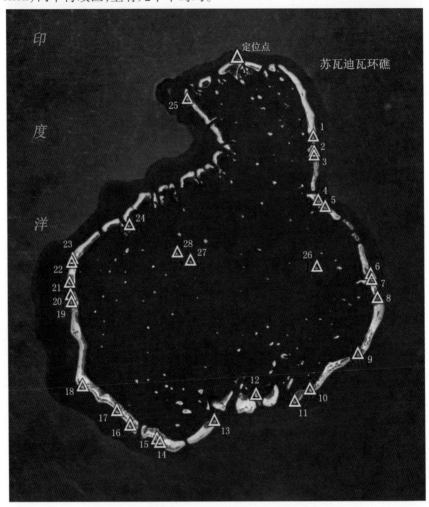

图 4.51 卫星遥感苏瓦迪瓦环礁信息处理图示

1. 维林吉利岛 2. 库杜岛 3. 马蒙杜岛 4. 尼兰杜岛 5. 迪安杜岛 6. 孔德岛 7. 迪亚杜岛 8. 格马纳夫斯岛 9. 坎杜胡胡杜岛 10. 格特杜岛 11. 冈岛 12. 阿雅达岛 13. 瓦阿杜岛 14. 法里斯岛 15. 马托达岛 16. 菲优雷岛 17. 拉塔方杜岛 18. 纳特莱岛 19. 霍特杜岛 20. 马达维利岛 21. 坎杜杜岛 22. 卡菲纳岛 23. 蒂纳杜岛 24. 德瓦纳芙希岛 25. 科拉马夫斯岛 26. 哈达哈岛 27. 迪瓦杜岛 28. 鲁宾逊岛

## 2. 东礁环上珊瑚岛礁发育特征及其空间格局

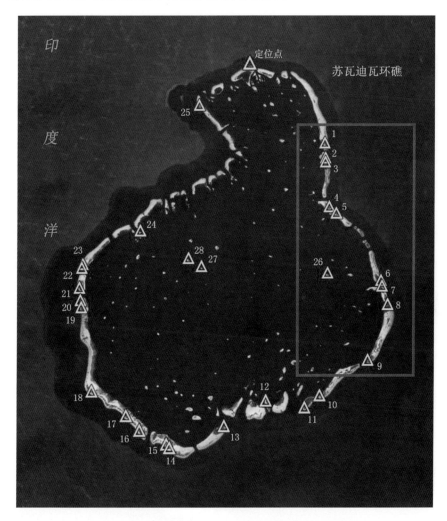

图4.52 卫星遥感苏瓦迪瓦环礁东礁环信息处理图示

1. 维林吉利岛 2. 库杜岛 3. 马蒙杜岛 4. 尼兰杜岛 5. 迪安杜岛 6. 孔德岛 7. 迪亚杜岛
8. 格马纳夫斯岛 9. 坎杜胡胡杜岛

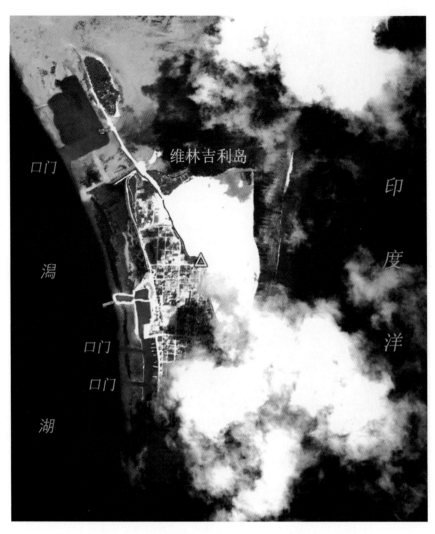

图 4.53　卫星遥感苏瓦迪瓦环礁中维林吉利岛信息处理图像

表 4.44　维林吉利岛的方位、类型与发育特征

| 编号 | 名称 | 方位 | 类型 | 发育特征 |
|---|---|---|---|---|
| 1 | 维林吉利岛（Villingili） | 在北苏瓦迪瓦环礁东北边缘,距马累岛 380.04 km,该岛东北端位于 0°45′28″N,73°26′07″E | 礁环上珊瑚岛 | 该岛发育在苏瓦迪瓦环礁东礁环的偏北部,独立环礁中,形似不规则长条形,处于呈近南—北走向礁环的南端,中间东—西宽 997 m。岛长达 2 000 m 之上,中间东—西宽达 575 m,面积 0.53 km²。该岛外东礁坪宽 632 m,内礁坪则达 245 m,紧邻潟湖礁坪上开辟有港池 |

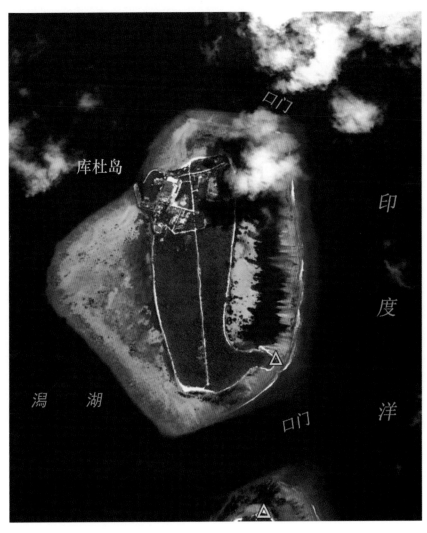

图 4.54　卫星遥感苏瓦迪瓦环礁中库杜岛信息处理图像

表 4.45　库杜岛的方位、类型与发育特征

| 编号 | 名称 | 方位 | 类型 | 发育特征 |
|---|---|---|---|---|
| 2 | 库杜岛<br>（Kuddoo） | 北苏瓦迪瓦环礁，维林吉利岛南部，该岛东南端位于 0°43′41″N，73°26′19″E | 礁环上珊瑚岛 | 该岛发育在北苏瓦迪瓦环礁东礁环的偏北部，独立环礁中，形似向西凸起的不规则桃形，处于呈近南—北走向长达 2 124 m，中间东—西宽 1 676 m。岛南—北长达 1 549 m 之上，中间东—西宽达 500 m。该岛外礁坪宽 499 m，内礁坪向西延伸宽则达 698 m，该岛西北侧紧邻潟湖礁坪上开辟有港池 |

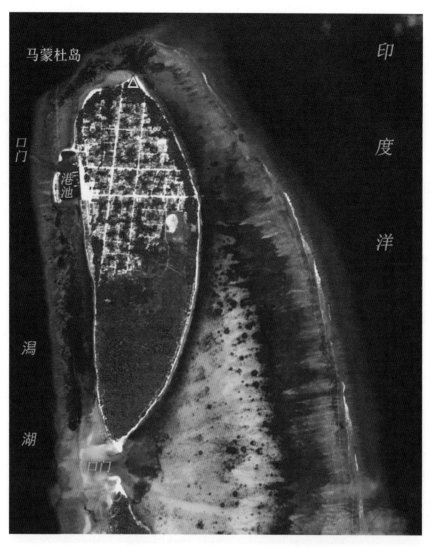

图 4.55　卫星遥感苏瓦迪瓦环礁中马蒙杜岛信息处理图像

表 4.46　马蒙杜岛的方位、类型与发育特征

| 编号 | 名称 | 方位 | 类型 | 发育特征 |
|---|---|---|---|---|
| 3 | 马蒙杜岛<br>（Maamendhoo） | 地处北苏瓦迪瓦环礁，该岛相距马累岛 384.23 km，其北端位于 0°43′12″N，73°26′19″E | 礁环上珊瑚岛 | 该岛发育在北苏瓦迪瓦环礁东礁环的偏北部，形似南—北走向的长条状萝卜形礁环的北端。岛南—北长达 1 450 m，中间东—西宽达 518 m，面积 0.49 km²。该岛东外礁坪宽 251～943 m，内礁坪向西延伸宽则约 190 m，该岛西北侧紧邻潟湖礁坪上开辟有港池 |

图 4.56　卫星遥感苏瓦迪瓦环礁中尼兰杜岛信息处理图像

表 4.47　尼兰杜岛的方位、类型与发育特征

| 编号 | 名称 | 方位 | 类型 | 发育特征 |
|---|---|---|---|---|
| 4 | 尼兰杜岛<br>（Nilandhoo） | 地处北苏瓦迪瓦环礁，相距马累岛达 392.6 km，岛东南端位于 0°37′56″N，73°26′50″E | 礁环上独立环礁中册瑚岛 | 该岛发育在北苏瓦迪瓦环礁东礁环的中部，形似西北—东南走向的不规则长条状礁环，西北—东南长 3 413 m，南—北宽约 2 164 m。岛西北—东南长达 1 546 m，中间东北—西南宽达 366 m，面积 0.57 km²。该岛东北外礁坪宽 334 m，内礁坪向西延伸宽则约 694 m，该岛西南侧紧邻潟湖礁坪上开辟有港池 |

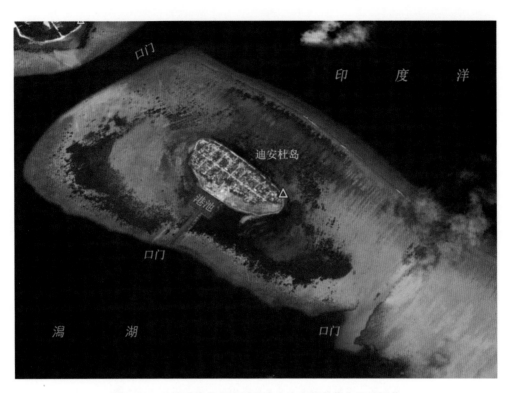

图 4.57　卫星遥感苏瓦迪瓦环礁中迪安杜岛信息处理图像

表 4.48　迪安杜岛的方位、类型与发育特征

| 编号 | 名称 | 方位 | 类型 | 发育特征 |
|---|---|---|---|---|
| 5 | 迪安杜岛（Dhaandhoo） | 地处北苏瓦迪瓦环礁，相距马累岛 94.15 km，该岛东南端位于 0°37′11″N，73°27′54″E | 礁环上珊瑚岛 | 该岛发育在北苏瓦迪瓦环礁东礁环的中部，独立环礁中，形似西北—东南走向的长椭圆形礁环的北端，西北—东南长 2 343 m，中间东北—西南宽 1 227 m。岛的西北—东南长 727 m，中间东—西宽达 301 m。该岛东北外礁坪宽 548 m，内礁坪向西延伸宽则约 375 m，该岛西南侧紧邻潟湖，礁坪上开辟有港池 |

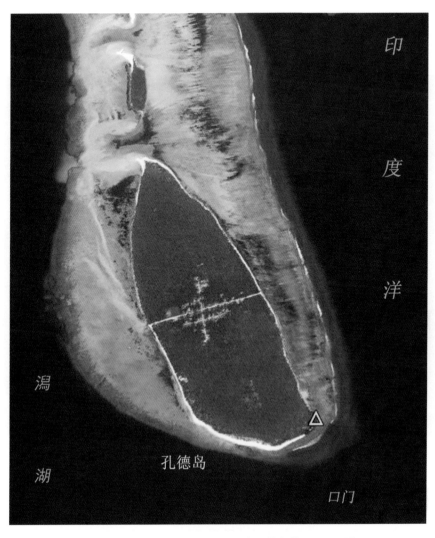

图 4.58 卫星遥感苏瓦迪瓦环礁中孔德岛信息处理图像

表 4.49 孔德岛的方位、类型与发育特征

| 编号 | 名称 | 方位 | 类型 | 发育特征 |
|---|---|---|---|---|
| 6 | 孔德岛<br>（Kondey） | 北苏瓦迪瓦环礁,距马累岛 407.4 km,该岛东南端位于 0°29′32″N,73°33′20″E | 礁环上珊瑚岛 | 　该岛发育在北苏瓦迪瓦环礁东礁环的南部,形似西北—东南走向的不规则纺锤状礁环的南端。岛的西北—东南长达 2 224 m,中间东北—西南宽达 686 m,面积1.04 km²。该岛东外礁坪宽 183～600 m,内礁坪向西延伸宽则约 141～546 m。有佛教遗址 |

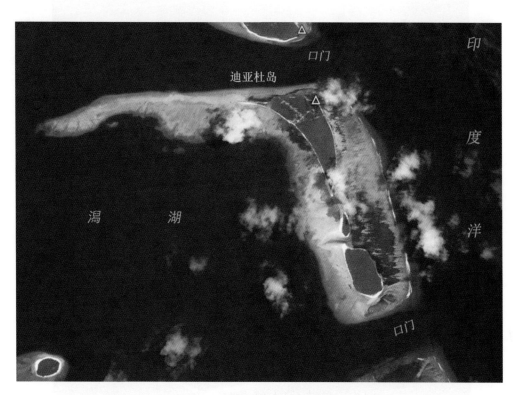

图 4.59　卫星遥感苏瓦迪瓦环礁中迪亚杜岛信息处理图像

表 4.50　迪亚杜岛的方位、类型与发育特征

| 编号 | 名称 | 方位 | 类型 | 发育特征 |
|---|---|---|---|---|
| 7 | 迪亚杜岛<br>（Dhiyadhoo） | 北苏瓦迪瓦环礁,距马累岛 409.7km,位于 0°28′48″N,73°33′21″E | 礁环上珊瑚岛 | 该岛发育在北苏瓦迪瓦环礁东礁环的南部,独立环礁北部中,形似直角形,东—西狭长 3 888 m,南—北相对宽长 3 202 m。该岛呈西北—东南走向的弧形三角形,其西北—东南长 1 955 m,中间东北—西南宽达 453 m,面积 0.88 km²。该岛东外礁坪向东北宽约 390 m,内礁坪向西南延伸宽则约 359 m,该岛西南侧紧邻潟湖 |

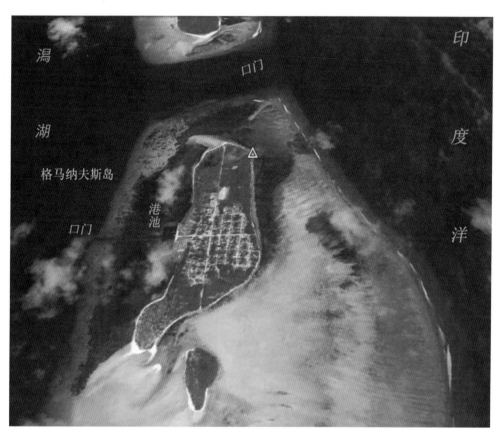

图 4.60 卫星遥感苏瓦迪瓦环礁中格马纳夫斯岛信息处理图像

表 4.51 格马纳夫斯岛的方位、类型与发育特征

| 编号 | 名称 | 方位 | 类型 | 发育特征 |
|---|---|---|---|---|
| 8 | 格马纳夫斯岛（Gemanafushi） | 北苏瓦迪瓦环礁，相距马累岛 413.5 km，位于 0°26′33″N，73°34′05″E | 礁环上珊瑚岛 | 该岛发育在北苏瓦迪瓦环礁东礁环的南部，形似东北—西南走向的不规则状，处于所在礁环的北端。岛的东北—西南长达 1 470 m，中间东—西宽达 520 m，面积 0.47 km²。该岛向东外礁坪宽约 350～1 000 m，内礁坪向西延伸宽则达 500 m 以上。该岛西侧紧邻潟湖，礁坪上开辟有港池，再向内为复合环礁潟湖 |

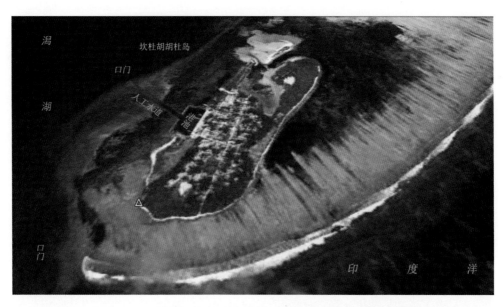

图 4.61　卫星遥感苏瓦迪瓦环礁中坎杜胡胡杜岛信息处理图像

表 4.52　坎杜胡胡杜岛的方位、类型与发育特征

| 编号 | 名称 | 方位 | 类型 | 发育特征 |
|------|------|------|------|----------|
| 9 | 坎杜胡胡杜岛（Kanduhulhudhoo） | 处在北苏瓦迪瓦环礁,相距马累岛 423.41 km,其西南端位于 0°21′15″N,73°32′35″E | 礁环上珊瑚岛 | 该岛发育在北苏瓦迪瓦环礁东礁环的南部,形似东北—西南走向的一端大的不规则长条状,处于所在礁环的南端。岛的东北—西南长达 1 110 m,中间西北—东南宽达 380 m,面积 0.26 km²。该岛向东南外礁坪最宽约 618 m,内礁坪向西南延伸达 483 m 以上。该岛西侧紧邻潟湖,礁坪上开辟有港池,再向内为复合环礁潟湖 |

## 3. 南礁环上珊瑚岛礁发育特征及其空间格局

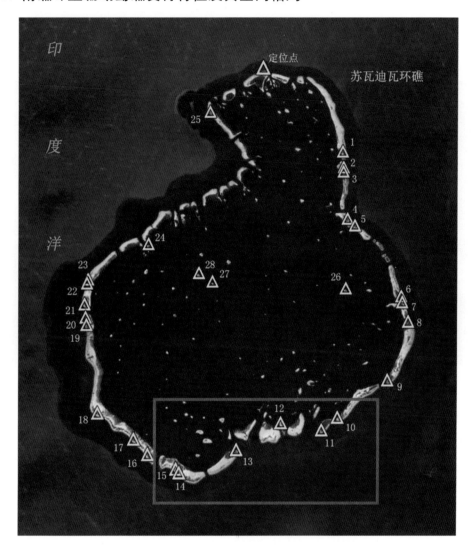

图 4.62　卫星遥感苏瓦迪瓦环礁南礁环信息处理图示
10. 格特杜岛 11. 冈岛 12. 阿雅达岛 13. 瓦阿杜岛 14. 法里斯岛 15. 马托达岛

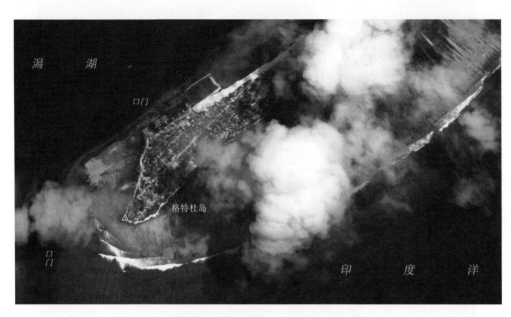

图 4.63　卫星遥感苏瓦迪瓦环礁中格特杜岛信息处理图像

表 4.53　格特杜岛的方位、类型与发育特征

| 编号 | 名称 | 方位 | 类型 | 发育特征 |
|---|---|---|---|---|
| 10 | 格特杜岛<br>(Gaddhoo) | 处在南苏瓦迪瓦环礁,相距马累岛437.41 km,该岛西南端位于0°17′06″N,73°27′10″E | 礁环上珊瑚岛 | 该岛发育在南苏瓦迪瓦环礁南礁环的东部,处于所在礁环的西南端,形似东北—西南走向的不规则长条状。岛的东北—西南长达1 287 m,中间西北—东南宽达336 m,面积0.35 km²。该岛向东南外礁坪最宽约543 m,内礁坪向西北,港池的外沿仅宽79 m,向西南延伸达153 m以上。该岛西北侧礁坪上开辟有港池,再向内为复合环礁潟湖 |

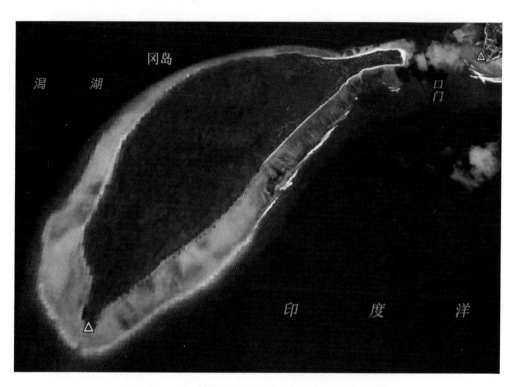

图 4.64　卫星遥感苏瓦迪瓦环礁中冈岛信息处理图像

表 4.54　冈岛的方位、类型与发育特征

| 编号 | 名称 | 方位 | 类型 | 发育特征 |
|---|---|---|---|---|
| 11 | 冈岛（Gan） | 处在南苏瓦迪瓦礁环东部,该岛西南端位于 0°15′51″N,73°25′36″E | 独立环礁上册瑚岛 | 该岛发育在南苏瓦迪瓦环礁南礁环的东部,处于独立环礁上,是苏瓦迪瓦环礁最大岛,形似东北—西南走向的两端尖的圆丘状。岛的东北—西南长达 3 270 m,中间西北—东南宽达 1 121 m。该岛向东南外礁坪最宽约281 m,内礁坪向西北仅宽 207 m,向西南延伸达 170 m 以上。向内为复合环礁潟湖 |

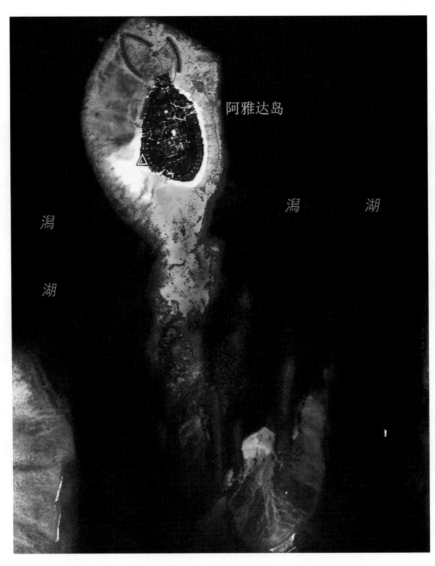

图 4.65　卫星遥感苏瓦迪瓦环礁中阿雅达岛信息处理图像

表 4.55　阿雅达岛的方位、类型与发育特征

| 编号 | 名称 | 方位 | 类型 | 发育特征 |
|---|---|---|---|---|
| 12 | 阿雅达岛(Ayada) 又称马古杜岛 (Maguddhoo) | 处在南苏瓦迪瓦环礁南部,该岛西南端位于 0°16′33″N,73°21′21″E。 | 独立环礁上珊瑚岛 | 该岛发育在南苏瓦迪瓦环礁南礁环的北侧潟湖内,处于近南—北走向,长达 1 846 m,中间东西宽约 658 m 的独立环礁上,形似近西北—东南走向的手榴弹状。岛的西北—东南长达 653 m,中间东—西宽达 281 m。该岛向东外礁坪最宽约 232 m,礁坪向西宽 285 m。面积约 150 000 m² |

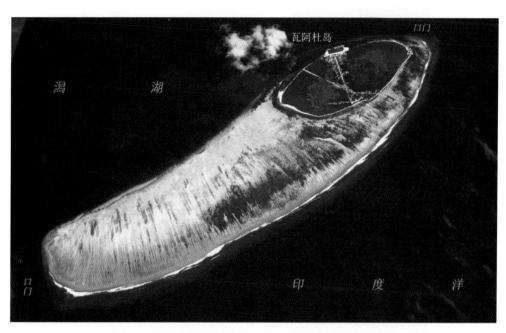

图 4.66　卫星遥感苏瓦迪瓦环礁中瓦阿杜岛信息处理图像

**表 4.56　瓦阿杜岛的方位、类型与发育特征**

| 编号 | 名称 | 方位 | 类型 | 发育特征 |
|---|---|---|---|---|
| 13 | 瓦阿杜岛<br>（Vaadhoo） | 处在南苏瓦迪瓦，距马累岛 438.25 km，该岛东北端位于 0°13′54″N，73°17′00″E | 礁环上珊瑚岛 | 　　该岛发育在南苏瓦迪瓦环礁南礁环的西部，处于所在礁环的东北端，所处礁环形似东北—西南走向不规则纺锤形，东北—西南长 6 722 m，中间西北—东南宽约 1 700 m。岛的东北—西南长达 2 342 m，中间西北—东南宽达 1 146 m，面积 1.67 km²。该岛西侧为礁环上浅水礁湖，岛向东北外礁坪最宽约 419 m，向东南方礁坪宽约 645 m，该岛西北侧礁坪上开辟有港池，港池的外沿仅宽 75 m，再向内为复合环礁潟湖 |

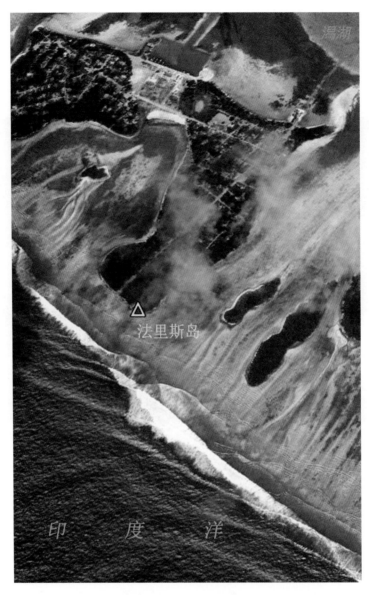

図4.67　卫星遥感苏瓦迪瓦环礁中法里斯岛信息处理图像

**表4.57　法里斯岛的方位、类型与发育特征**

| 编号 | 名称 | 方位 | 类型 | 发育特征 |
|---|---|---|---|---|
| 14 | 法里斯岛<br>（Fares） | 处在南苏瓦迪瓦环礁，距马累岛442.3 km，位于0°11′55″N，73°11′25″E | 礁环上珊瑚岛 | 该岛发育在南苏瓦迪瓦环礁南礁环的西部，处于所在礁环的中部，所处礁环形似东—西走向不规则黄瓜形，偏西北—东南走向，长9 515 m，中间近南—北宽约1 895 m。该岛呈现不规则状，岛的东北—西南长达812 m，中间东—西宽达318 m，面积0.22 km²。该岛向西南外礁坪最宽约159 m，向东北方礁坪宽约317 m，该岛西北侧礁坪上开辟有港池，再向内为复合环礁潟湖 |

图 4.68　卫星遥感苏瓦迪瓦环礁中马托达岛信息处理图像

表 4.58　马托达岛的方位、类型与发育特征

| 编号 | 名称 | 方位 | 类型 | 发育特征 |
|---|---|---|---|---|
| 15 | 马托达岛（Maathodaa） | 地处南苏瓦迪瓦环礁，距马累 441.96 km，该岛西南端位于 0°12′00″N，73°10′56″E | 礁环上珊瑚岛 | 该岛发育在南苏瓦迪瓦环礁南礁环的西部，处于所在礁环的中部，所处礁环形似东—西走向不规则黄瓜形，偏西北—东南走向，长 9 515 m，中间近南—北宽约 1 895 m。该岛呈现不规则状梯形，岛的东北—西南长达 497 m，中间东—西宽达 420 m，面积 0.16 km²，该岛向西南外礁坪最宽约 204 m，向东北方礁坪宽约 484 m，该岛东北部礁坪上开辟有港池，再向内为复合环礁潟湖。该岛东侧与法里斯岛以西，中间原是浅水潟湖，现已填海造地，目前同法里斯岛连接一起 |

## 4. 西礁环上珊瑚岛礁发育特征及其空间格局

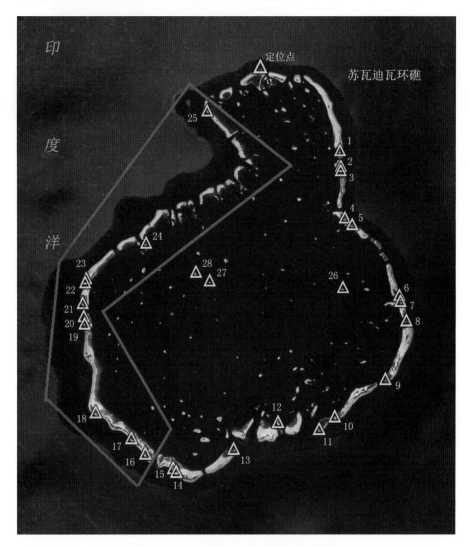

图 4.69　卫星遥感苏瓦迪瓦环礁信息处理图示

16. 菲优雷岛 17. 拉塔方杜岛 18. 纳特莱岛 19. 霍特杜岛 20. 马达维利岛 21. 坎杜杜岛
22. 卡菲纳岛 23. 蒂纳杜岛 24. 德瓦纳芙希岛 25. 科拉马夫斯岛

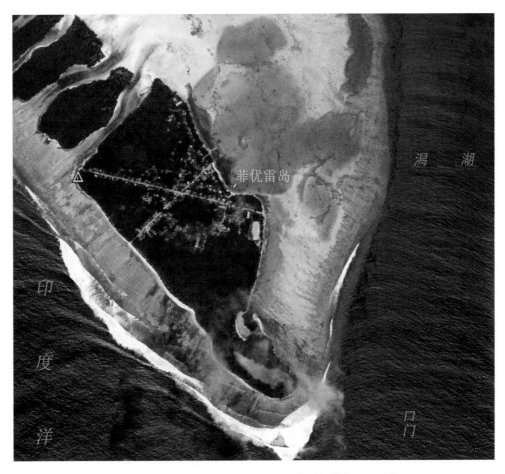

图 4.70　卫星遥感苏瓦迪瓦环礁中菲优雷岛信息处理图像

表 4.59　菲优雷岛的方位、类型与发育特征

| 编号 | 名称 | 方位 | 类型 | 发育特征 |
|---|---|---|---|---|
| 16 | 菲优雷岛<br>（Fiyoaree） | 处在南苏瓦迪瓦环礁,相距马累岛达 440.34 km,位于 0°13′26″N,73°07′53″E | 礁环上珊瑚岛 | 该岛发育在苏瓦迪瓦环礁西礁环的东南端,所处礁环形似折线形,呈西北—南—东南走向,不规则条带形,长 34.74 km,最宽约 2.05 km。该岛呈现不规则状菜刀形,岛的西北—东南长达 1 643 m,中间东北—西南宽达 588 m,面积 0.73 km²。该岛向西南外礁坪最宽约 350 m,向东北方礁坪宽约 66 m,再向东北为独立环礁潟湖,越过狭窄的礁坪,即是复合环礁的潟湖。岛的西面有佛教遗址 |

图 4.71　卫星遥感苏瓦迪瓦环礁中拉塔方杜岛信息处理图像

表 4.60　拉塔方杜岛的方位、类型与发育特征

| 编号 | 名称 | 方位 | 类型 | 发育特征 |
|---|---|---|---|---|
| 17 | 拉塔方杜岛<br>（Rathafandhoo） | 处在南苏瓦迪瓦环礁，距马累岛 430.66 km，该岛在菲优雷岛西北方，相距 3 893 m，其西南端位于 0°14′57″N，73°06′15″E | 礁环上珊瑚岛 | 该岛发育在苏瓦迪瓦环礁西礁环的西南端，所处礁环形似折线形，呈西北—南—东南走向，不规则条带形，长 34.74 km，最宽约 2.05 km。该岛呈现不规则长方形，岛的西北—东南长达 867 m，东南部的东北—西南宽达 607 m。该岛向西南外礁坪最宽约 226 m，面积 0.37 km²。向东北方礁坪宽约 251 m，再向东北为独立环礁潟湖，越过狭窄的礁坪，即是复合环礁的潟湖 |

图 4.72　卫星遥感苏瓦迪瓦环礁中纳特莱岛信息处理图像

表 4.61　纳特莱岛的方位、类型与发育特征

| 编号 | 名称 | 方位 | 类型 | 发育特征 |
|---|---|---|---|---|
| 18 | 纳特莱岛（Nadellaa） | 处在南苏瓦迪瓦环礁,相距马累岛达433.8km,该岛西南端位于 0°17′32″N,73°02′13″E | 礁环上珊瑚岛 | 　　该岛发育在苏瓦迪瓦环礁西礁环的西南端,所处礁环形似折线形,呈西北—南—东南走向,不规则条带形,长34.74 km,最宽约2.05 km。该岛向西南方临近印度洋发育,呈现不规则状长方形,岛的东—西长达 962 m,中间东北—西南宽达 567 m,面积 0.42 km²。该岛向西南外礁坪最宽约 248 m,向东北方礁坪宽约 1 247 m,再向东北为复合环礁的潟湖 |

图 4.73　卫星遥感苏瓦迪瓦环礁中霍特杜岛信息处理图像

表 4.62　霍特杜岛的方位、类型与发育特征

| 编号 | 名称 | 方位 | 类型 | 发育特征 |
|---|---|---|---|---|
| 19 | 霍特杜岛<br>（Hoadehddhoo） | 处在南苏瓦迪瓦环礁，相距马累岛达418.18 km，该岛西端位于0°26′36″N，72°59′57″E | 礁环上珊瑚岛 | 该岛发育在苏瓦迪瓦环礁西礁环的西端，所处礁环形似折线形，呈西北—南—东南走向，不规则条带形，长34 741 m，最宽约2 049 m。该岛呈现南—北走向的不规则状长条形，岛的南—北长达1 646 m，中间东—西宽达702 m，面积0.86 km²。该岛中间向西外礁坪最宽约313 m，东临独立环礁潟湖，再向东为复合环礁的潟湖 |

图 4.74　卫星遥感苏瓦迪瓦环礁中马达维利岛信息处理图像

**表 4.63　马达维利岛的方位、类型与发育特征**

| 编号 | 名称 | 方位 | 类型 | 发育特征 |
|---|---|---|---|---|
| 20 | 马达维利岛（Madaveli） | 南苏瓦迪瓦环礁,距马累416.68 km,该岛西南端位于 0°27′32″N,72°59′52″E | 礁环上珊瑚岛 | 该岛发育在苏瓦迪瓦环礁西礁环的北端,所处礁环形似折线形,呈西北—南—东南走向,不规则条带形,长34.74 km,最宽约2.05 km。该岛呈现仅西岸平滑并向西南倾斜的不规则状,岛的南—北长达1 010 m,中间东—西宽达553 m,面积0.34 km²。该岛西南端向外礁坪最宽约202 m,东临独立环礁潟湖,再向东为复合环礁的潟湖 |

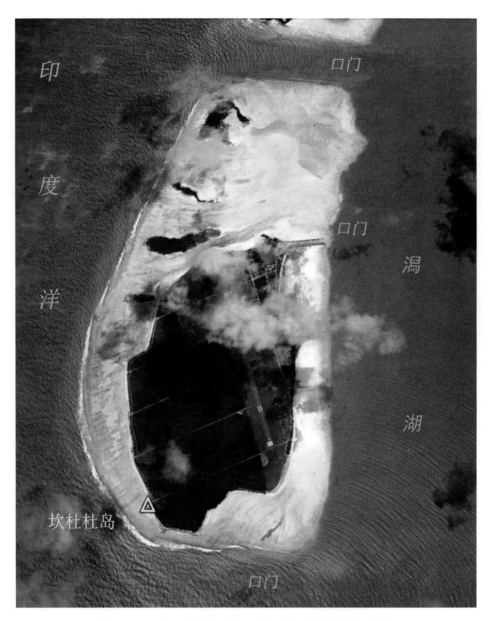

图 4.75  卫星遥感苏瓦迪瓦环礁中坎杜杜岛信息处理图像

表 4.64  坎杜杜岛的方位、类型与发育特征

| 编号 | 名称 | 方位 | 类型 | 发育特征 |
|---|---|---|---|---|
| 21 | 坎杜杜岛<br>(Kandudu) | 处在南苏瓦迪瓦环礁,蒂纳杜岛南部,位于该岛西南 00° 29′ 15″ N,72°59′39″E | 独立环礁上册瑚岛 | 该岛发育在苏瓦迪瓦环礁西礁环的中部,处于南—北走向,呈现南—北长 3.68 km,中间东—西宽约 1.62 km 的长方形独立环礁南端。该岛呈现南—北走向,并向西南倾斜的不规则状,岛的南—北长达 2 024 m,中间东—西宽达 1 136 m,该岛西南端向外礁坪最宽约 354 m,东隔礁坪,再向东为复合环礁的潟湖。岛上有小型机场 |

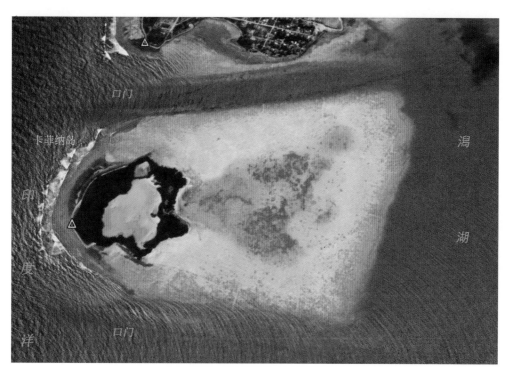

图 4.76　卫星遥感苏瓦迪瓦环礁中卡菲纳岛信息处理图像

表 4.65　卡菲纳岛的方位、类型与发育特征

| 编号 | 名称 | 方位 | 类型 | 发育特征 |
|---|---|---|---|---|
| 22 | 卡菲纳岛<br>（Kaafenaa） | 处在南苏瓦迪瓦环礁，蒂纳杜岛以南，岛西南端位于 0°30′59″N，72°59′29″E | 独立环礁上册瑚岛 | 该岛发育在苏瓦迪瓦环礁西礁环的中部，处于东—西走向，呈现东—西长 1 201 m，中间南—北宽约 753 m，东端较宽的不规则长方形的独立环礁西端。该岛呈现不规则状圆形，岛的南—北长达 416 m，中间东—西宽达 353 m，该岛西南端向外礁坪最宽约 111 m，东临独立环礁潟湖，隔礁坪，再向东为复合环礁的潟湖 |

图 4.77　卫星遥感苏瓦迪瓦环礁中蒂纳杜岛信息处理图像

表 4.66　蒂纳杜岛的方位、类型与发育特征

| 编号 | 名称 | 方位 | 类型 | 发育特征 |
|---|---|---|---|---|
| 23 | 蒂纳杜岛<br>（Thinadhoo） | 处在南苏瓦迪瓦环礁，距马累岛达409.2 km，该岛西南端位于0°31′25″N，72°59′33″E | 礁环上珊瑚岛 | 　　该岛发育在苏瓦迪瓦环礁西礁环的北部，所处礁环形似长条状梳子，呈东北—西南走向，长7.65 km，西南端最宽约1.81 km。该岛地处所在礁环的南端，呈现东北—西南走向，不规则斜长方形，岛的东北—西南长达1 748 m，中间东—西宽达785 m，面积0.58 km²。该岛西南端向外礁坪最宽约144 m，东临独立环礁潟湖，再向东为复合环礁的潟湖 |

图 4.78　卫星遥感苏瓦迪瓦环礁中德瓦纳芙希岛信息处理图像

表 4.67　德瓦纳芙希岛的方位、类型与发育特征

| 编号 | 名称 | 方位 | 类型 | 发育特征 |
|---|---|---|---|---|
| 24 | 德瓦纳芙希岛<br>（Dhevanafushi） | 处在北苏瓦迪瓦环礁西部，马累岛以南 400 km，岛东端位于 0°35′13″N，73°05′36″E | 独立环礁上珊瑚岛 | 该岛发育在苏瓦迪瓦环礁西礁环北部内侧潟湖的独立环礁中，该独立环礁呈现不规则倒三角形，北侧边长达 737 m，从南—北宽约 581 m 的。该岛亦呈现不规则状倒三角形圆形，岛的南—北长达 319 m，中间东—西最宽达 223 m，该岛西南端向外礁坪最宽约 226 m，越过礁坪外为复合环礁的潟湖 |

图 4.79　卫星遥感苏瓦迪瓦环礁中科拉马夫斯岛信息处理图像

表 4.68　科拉马夫斯岛的方位、类型与发育特征

| 编号 | 名称 | 方位 | 类型 | 发育特征 |
|---|---|---|---|---|
| 25 | 科拉马夫斯岛<br>（Kolamaafushi） | 处在北苏瓦迪瓦环礁，距马累 372.11 km，该岛西南端位于 0°50′08″N，73°11′00″E | 礁环上珊瑚岛 | 该岛发育在苏瓦迪瓦环礁西礁环的西北端，所处礁环形似长条状，呈西北—东南走向，长 9 693 m，中间东北—西南走向宽约 999 m。该岛地处所在礁环的北部，呈现西北—东南走向，不规则拖尾巴的斜方形，岛的西北—东南长 1 133 m，其北部东北—西南宽 547 m，面积 0.20 km²。该岛西南端向外礁坪最宽 135 m，东北临独立环礁浅水潟湖，再向东为复合环礁的潟湖 |

·118·

# 第五章　马尔代夫环礁发育
## 不对称性及其空间方向与计量

## 第一节　概　　述

如上所述,马尔代夫环礁链呈现北—南走向两个排列,即西环礁链包括11个复合环礁,东环礁链包括13个复合环礁。每个复合环礁类型及其表征的大小、形状、封闭性、具体到礁环与独立环礁等发育特征不尽相同。

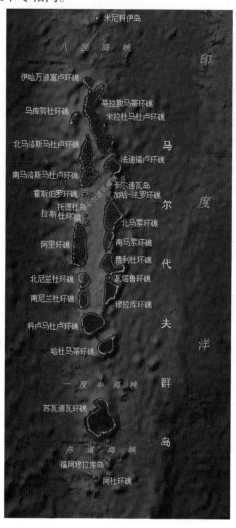

图5.1　马尔代夫环礁链卫星遥感信息处理图示

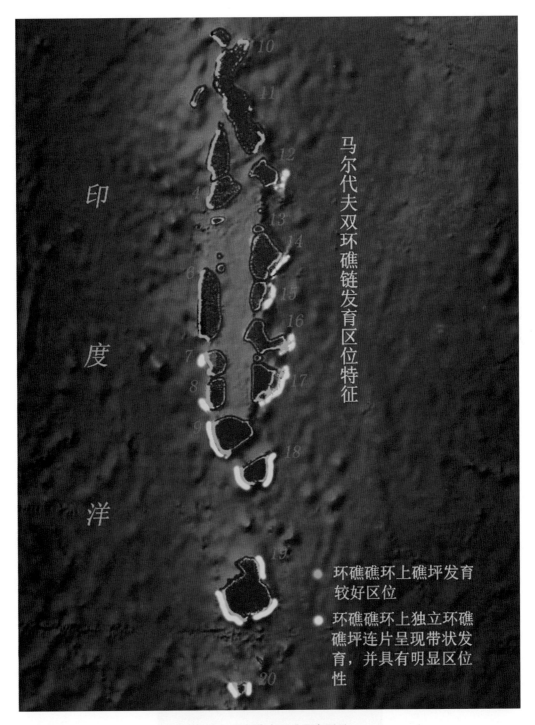

图 5.2　马尔代夫环礁发育图示

1. 伊哈万迪富卢环礁　2. 马库努杜环礁　3. 北马洛斯马杜卢环礁　4. 南马洛斯马杜卢环礁　5. 霍斯伯罗环礁　6. 阿里环礁　7. 北尼兰杜环礁　8. 南尼兰杜环礁　9. 科卢马杜卢环礁　10. 蒂拉敦马蒂环礁　11. 米拉杜马杜卢环礁　12. 法迪福卢环礁　13. 尔迪瓦岛　14. 北马累环礁　15. 南马累环礁　16. 费利杜环礁　17. 穆拉库环礁　18. 哈杜马蒂环礁　19. 苏瓦迪瓦环礁　20. 阿杜环礁等

# 第二节　马尔代夫西环礁链同一环礁上礁环不对称性与珊瑚岛发育不对称性空间信息特征

**1. 示例1**

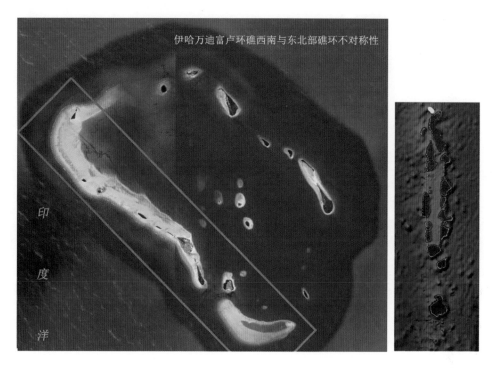

图5.3　伊哈万迪富卢环礁西南与东北部礁环发育的不对称性

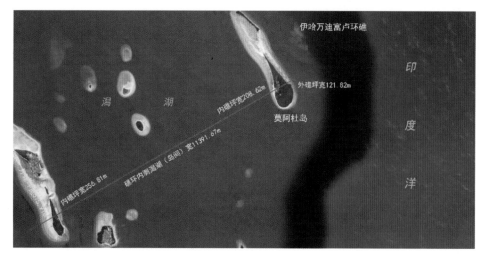

图5.4　伊哈万迪富卢环礁西南与东北部礁环上珊瑚岛发育趋向的不对称性

## 2. 示例 2

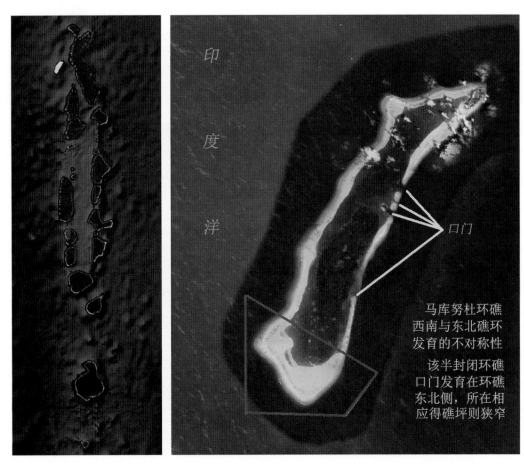

印度洋

口门

马库努杜环礁
西南与东北礁环
发育的不对称性

该半封闭环礁
口门发育在环礁
东北侧，所在相
应得礁坪则狭窄

图 5.5 马库努杜环礁东、西礁环发育的不对称性，并凸显东北部与西南部礁坪很发育

## 3. 示例 3

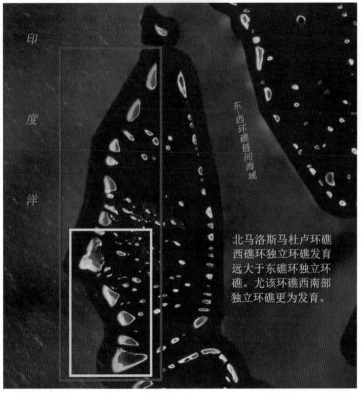

图 5.6　北马洛斯马杜卢环礁的东、西礁环的不对称性,表征在西礁环的独立环礁相对东礁环异常发育,多呈外礁坪较内礁坪发育,并趋向于西南方,且西南部的独立环礁更为凸显,口门空间尺度也大,整个西礁环珊瑚岛相对东礁环少之又少。东礁环独立环礁地处东、西环礁链间的西侧,发育尺度多是西礁环独立环礁的 1/20～1/10,甚至更小。但是,东礁环上独立环礁多发育,相对有发育较多的珊瑚岛。上述东与西礁环发育空间尺度、独立环礁空间区位、珊瑚岛主要发育在东礁环、潟湖中独立环礁偏南部发育及其他们礁坪的发育趋势与珊瑚岛临近外礁坪,缺乏清晰的浅水潟湖

## 4. 示例 4

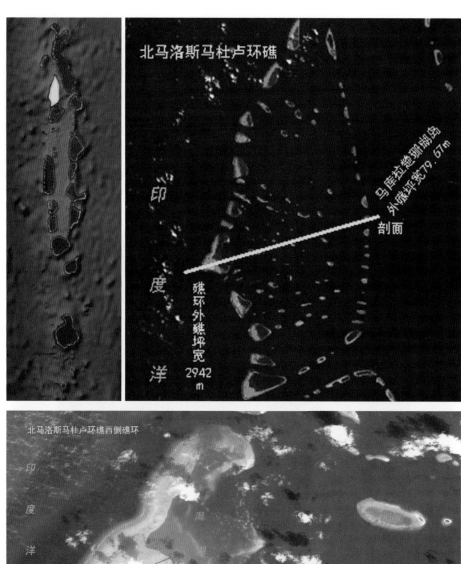

图 5.7　东、西礁环独立环礁礁坪发育的差异性比较

## 5. 示例 5

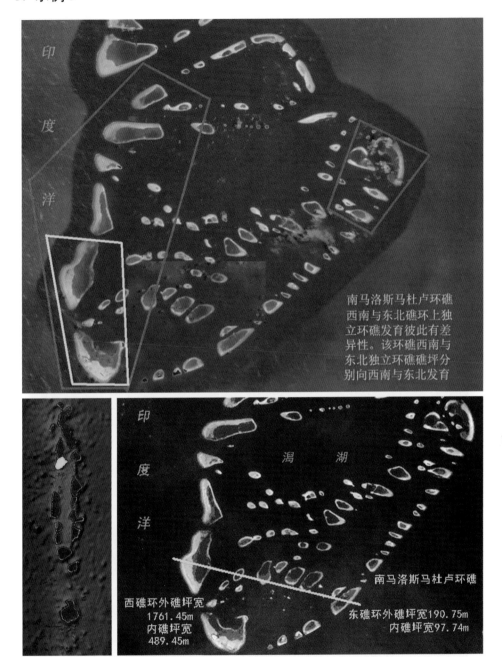

图 5.8　南马洛斯马杜卢环礁东、西礁环独立环礁与潟湖中独立环礁发育态势与北马洛斯
马杜卢环礁大致相同,但该环礁呈现东北—西南走向,凸显了西南与东北部独立环礁礁坪
发育趋向性,潟湖中独立环礁更凸显集中在南部

## 6. 示例 6

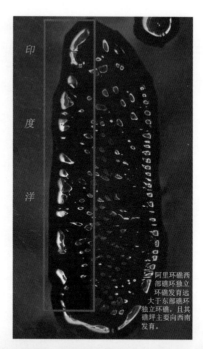

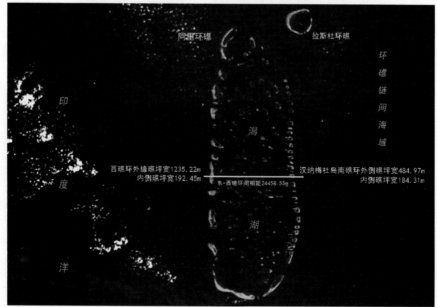

图5.9　地处西环礁链的阿里环礁,如同南、北马洛斯马杜卢环礁等,其西礁环呈北一南走向的独立环礁相对东礁环更为发育,口门相对大,但岛屿少,礁坪主要向西南方发育。而该环礁封闭性较其以北环礁更为封闭。同时,整个潟湖内充满着独立环礁。南礁环连续性相对好些

## 7. 示例7

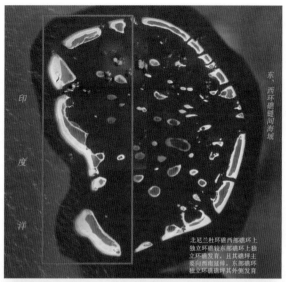

印度洋

东、西环礁链间海域

北尼兰杜环礁西部礁环上独立环礁较东部礁环上独立环礁发育,且其礁坪主要向西南延伸,东部礁环独立环礁礁坪其外侧发育

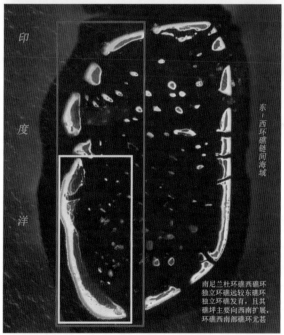

印度洋

东—西环礁链间海域

南尼兰杜环礁西礁环独立环礁远较东礁环独立环礁发育,且其礁坪主要向西南扩展,环礁西南部礁环尤甚

图5.10　地处西环礁链的南、北尼兰杜环礁仍然呈现它们的西礁环,特别凸显的西南部礁环与独立环礁更为发育,它们的东礁环较其北部环礁东礁环也凸显发育,连续性也好。南尼兰杜环礁的封闭性较北尼兰杜环礁更大。潟湖内独立环礁亦发育

## 8. 示例8

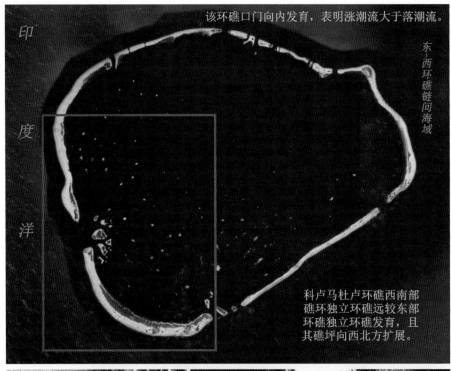

印度洋

该环礁口门向内发育，表明涨潮流大于落潮流。

东-西环礁链间海域

科卢马杜卢环礁西南部礁环独立环礁远较东部环礁独立环礁发育，且其礁坪向西北方扩展。

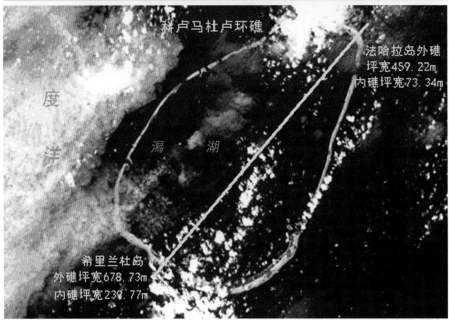

科卢马杜卢环礁

印度洋

潟　湖

法哈拉岛外礁坪宽459.22m内礁坪宽73.34m

希里兰杜岛外礁坪宽678.73m内礁坪宽239.77m

图5.11　地处西环礁链南端的科卢马杜卢环礁不仅表征了其西北与东北部礁坪向各自外方凸显的发育，整个环礁的礁环连续性很强，相应的其封闭度较其北部更大

# 第三节 马尔代夫东环礁链环礁发育 不对称性空间信息特征

## 1. 示例1

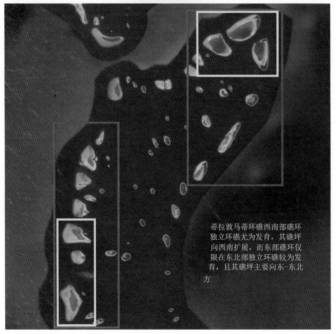

蒂拉敦马蒂环礁西南部礁环独立环礁尤为发育,其礁坪向西南扩展,而东部礁环仅限在东北部独立环礁较为发育,且其礁坪主要向东-东北方

图5.12 地处东环礁链北端的蒂拉敦马蒂环礁,其东侧独立环礁面向开阔的印度洋东北季风,而该环礁西南端西侧海域,亦无遮挡的礁体,则面向西南季风,两者凸显着空间尺度较大的独立环礁之发育。其中,东北端独立环礁上珊瑚岛发育直抵东北端礁坪外缘,而西南端独立环礁之礁坪呈现向西南更加延伸。潟湖中靠近东北端的独立环礁东北部礁坪亦向东北方发育的趋势,而靠近环礁西南端独立环礁礁坪则向西南方更加发育

## 2. 示例 2

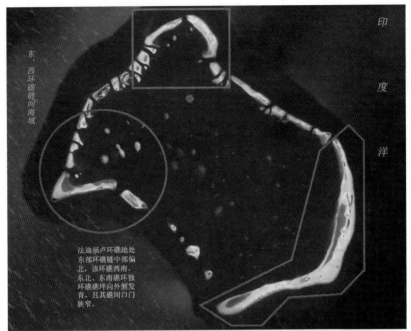

东、西环礁链间海域

法迪福卢环礁地处东部环礁链中部偏北,该环礁西南、东北、东南礁环独环礁礁坪向外侧发育,且其礁间口门狭窄。

印 度 洋

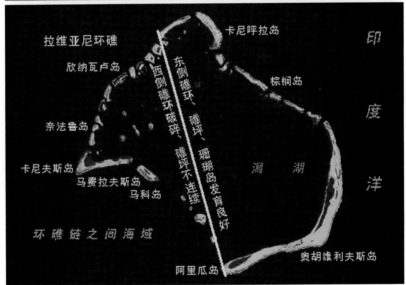

拉维亚尼环礁

欣纳瓦卢岛

奈法鲁岛

卡尼夫斯岛

马费拉夫斯岛
马科岛

环 礁 链 之 间 海 域

卡尼呼拉岛

棕桐岛

西侧礁环破碎、

东侧礁环、礁坪、珊瑚岛发育良好

潟 湖

印 度 洋

阿里瓜岛

奥胡维利夫斯岛

图 5.13 法迪福卢环礁(拉维亚尼环礁)地处东、西环礁链东侧,其东侧面向开阔海域,礁环的发育除东北端与西南端相对发育,东南侧开始展现礁环之发育,以此向南,环礁的东南部礁环发育的连续性更为清晰,对此,礁环发育的区位性,表征了基于礁盘条件下,外动力驱动明显着影响礁环发育

## 3. 示例3

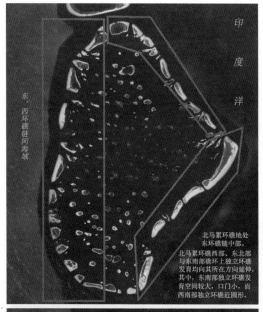

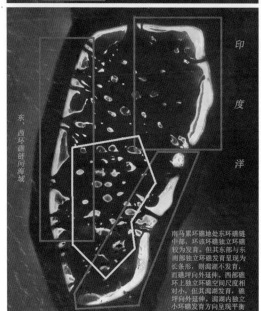

图 5.14　地处东环礁链的北、南马累环礁,两者东礁环面对开阔海域,而
西礁环则西临东、西环礁链,所表征的区域性规律,鉴于它们所处纬度更
低,礁环的封闭度、独立环礁分布格局、潟湖中独立环礁发育密度等,较
其北侧高纬度环礁更为发育。但其环礁本身则表征出东礁环连续性好,
西礁环独立环礁呈现礁盘控制下表征为线性排列

## 4. 示例4

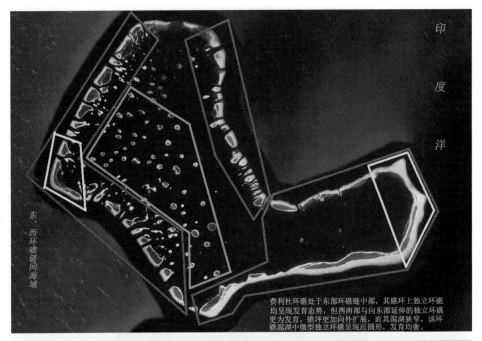

印
度
洋

东、西环礁链间海域

费利杜环礁处于东部环礁链中部,其礁坪上独立环礁
均呈现发育态势,但西南部与向东部延伸的独立环礁
更为发育,礁坪更加向外扩展,而其潟湖狭窄。该环
礁潟湖中微型独立环礁呈现近圆形,发育均衡。

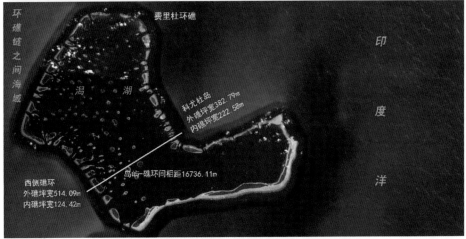

环礁链之间海域

费里杜环礁

印
度
洋

潟 湖

科尤杜岛
外礁坪宽382.79m
内礁坪宽222.58m

岛屿-礁环间相距16736.11m

西侧礁环
外礁坪宽514.09m
内礁坪宽124.42m

图5.15 费利杜环礁较南马累环礁以南,纬度更低,东北部、东南部与西南部继续凸显出
礁环相对发育,尤其东南端,礁环呈现连续性,礁坪异常发育。其他部位的礁环,则呈现独
立环礁的密集与破碎,但是,东侧的北部独立环礁发育更密集

## 5. 示例5

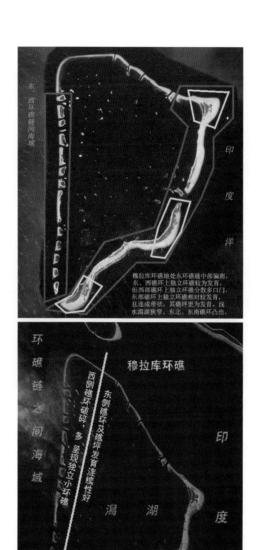

东西环礁链间海域

印度洋

穆拉库环礁地处东环礁链中部偏南，东、西礁环上独立环礁较为发育，但西部礁环上独立环礁分散多口门，东部礁环上独立环礁相对较发育，且连成带状，其礁坪更为发育，浅水潟湖狭窄，东北、东南礁环凸出。

环礁链之间海域

穆拉库环礁

西侧礁环破碎，多呈现独立小环礁

东侧礁环及礁坪发育连续性好

印度洋

潟湖

图5.16 穆拉库环礁位于费利杜环礁以南,其所处纬度继续低下,该环礁继续延续并强化东北—东南部礁环更加发育,口门稀少,而西礁环仍然呈现独立环礁彼此相隔排列

## 6. 示例6

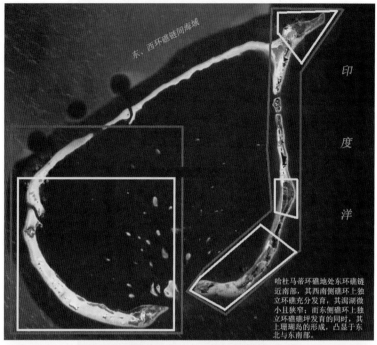

哈杜马蒂环礁地处东环礁链近南部，其西南侧礁环上独立环礁充分发育，其潟湖微小且狭窄；而东侧礁环上独立环礁礁坪发育的同时，其上珊瑚岛的形成，凸显于东北与东南部。

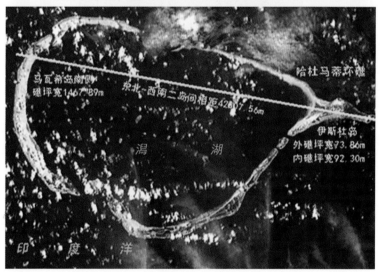

图5.17　该环礁临近一度半海峡北侧，礁环连续性发育更强。但是，该环礁发育强部位，与上述其他环礁大致相同，即其东北部、西南部与东南部仍然凸显发育的趋势

## 7. 示例 7

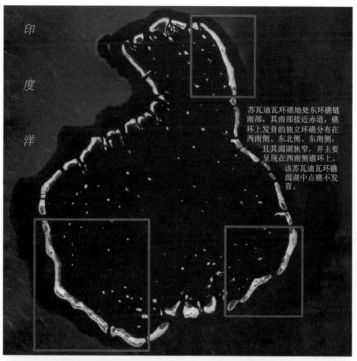

苏瓦迪瓦环礁地处东环礁链南部,其南部接近赤道,礁环上发育的独立环礁分布在西南侧、东北侧、东南侧,且其潟湖狭窄,并主要呈现在西南侧礁环上。该苏瓦迪瓦环礁潟湖中点礁不发育。

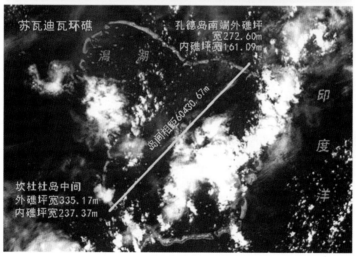

图 5.18　临近赤道低纬度的苏瓦迪瓦环礁,进一步表征了其礁环的发育,封闭性更强,仍然凸显了东北部、西南部与东南部礁体向其外礁坪延伸,并展现了珊瑚岛迎面盛行风向发育的趋势

## 8. 示例 8

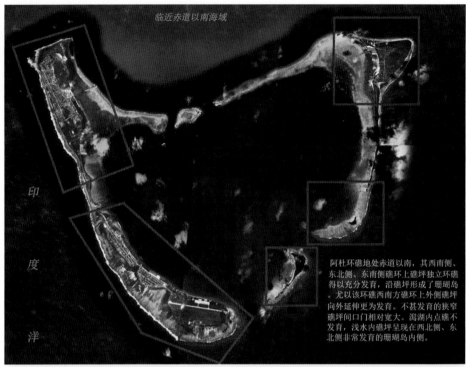

阿杜环礁地处赤道以南，其西南侧、东北侧、东南侧礁环上礁坪独立环礁得以充分发育，沿礁坪形成了珊瑚岛。尤以该环礁西南方礁环外侧礁坪向外延伸更为发育。不甚发育的狭窄礁坪间口门相对宽大。潟湖内点礁不发育，浅水内礁坪呈现在西北侧、东北侧非常发育的珊瑚岛的内侧。

图 5.19　阿杜环礁地处临近赤道以南，其继续表征了礁环发育封闭的区域性，东北部和西南部珊瑚礁体发育的强势。其中，礁盘控制下的西礁环呈西北—东南走向，整个迎面西南季风，凸显珊瑚岛发育直抵其外礁坪。但北礁环上独立环礁发育的珊瑚岛依然位于其东北端，且东南部礁环上形成的维利基岛发育趋势也是在临近口门礁环的东北端

# 第四节　马尔代夫环礁链中类型及其封闭性空间区位

图示从北向南环礁发育的强度演变如下。

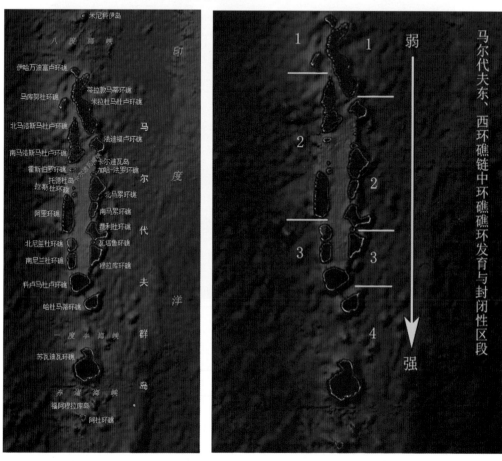

图5.20　本章上述马尔代夫各个环礁所表征的发育特征,清晰展现了马尔代夫东、西环礁链中,每个环礁礁环发育及其部位与环礁封闭度,自北向南,随纬度降低,逐渐演变着,即从开放型—半封闭型—准封闭型等及其不同区位的发育强度

# 第五节 马尔代夫环礁发育空间方向特征

以环礁八个方位信息解译与四个主方位统计列示如下。

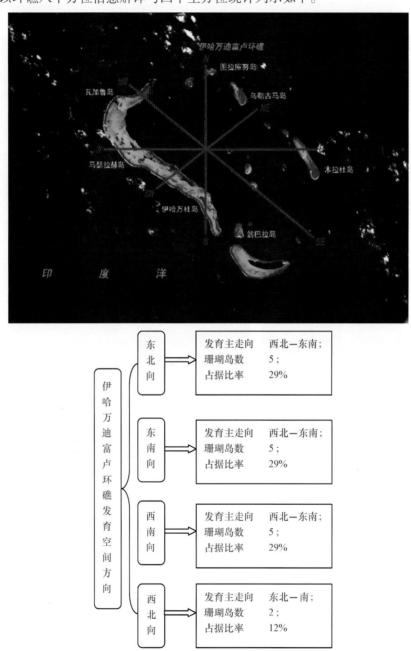

图 5.21 伊哈万迪富卢环礁发育图文对照

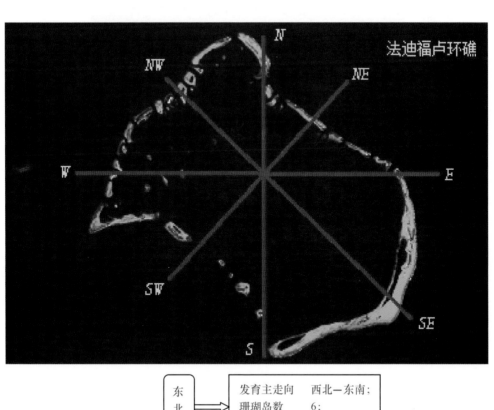

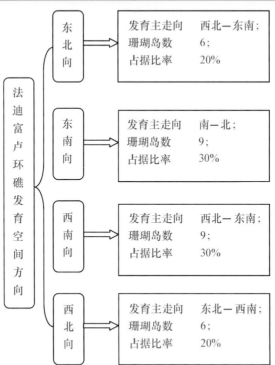

图 5.22 法迪富卢环礁发育图文对照

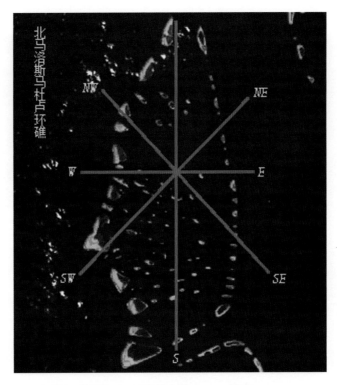

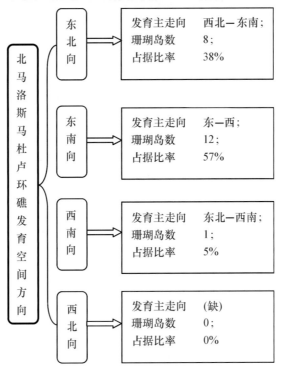

图 5.23　北马洛斯马杜卢环礁发育图文对照

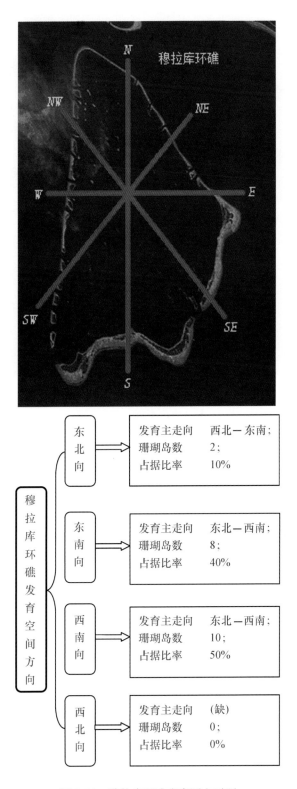

图 5.24 穆拉库环礁发育图文对照

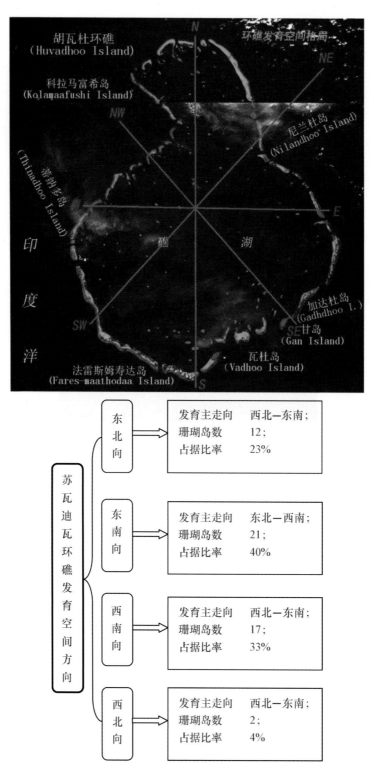

图 5.25 苏瓦迪瓦环礁发育图文对照

苏瓦迪瓦环礁与胡瓦杜环礁表示同一环礁,不同译法

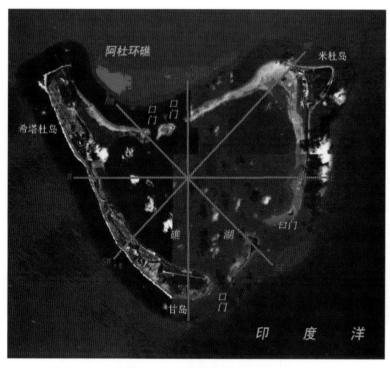

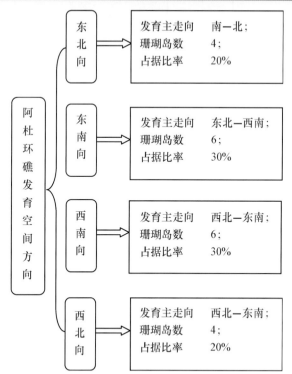

图 5.26　阿杜环礁发育图文对照

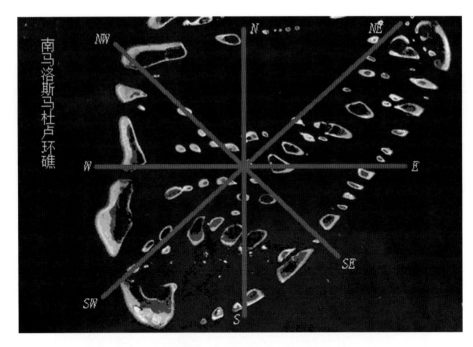

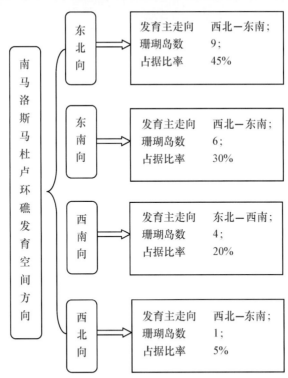

图 5.27    南马洛斯马杜卢环礁发育图文对照

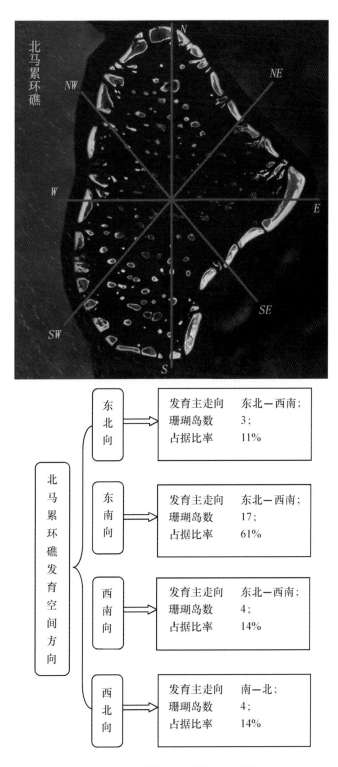

图 5.28　北马累环礁发育图文对照

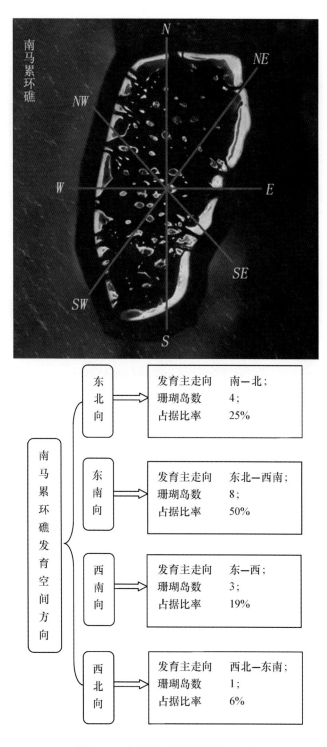

图 5.29  南马累环礁发育图文对照

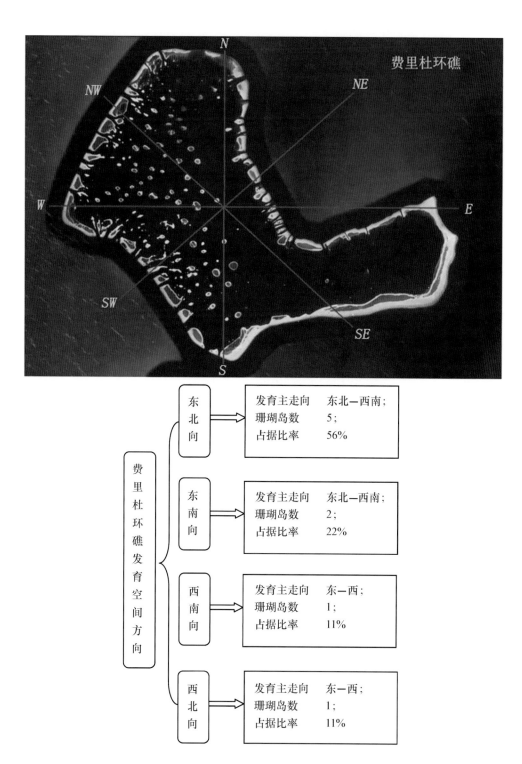

图 5.30 费里杜环礁发育图文对照

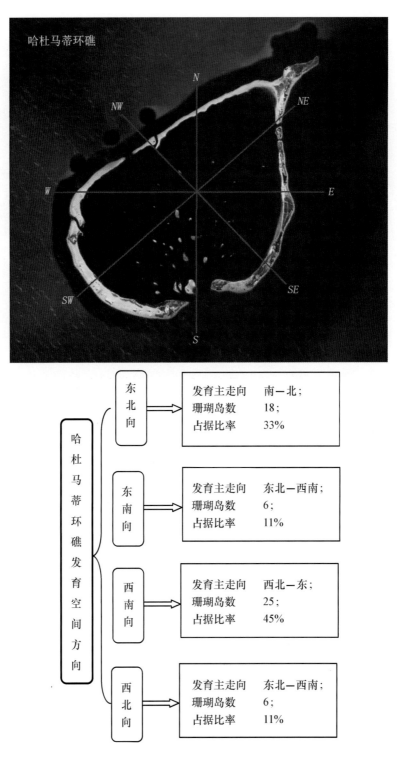

图 5.31　哈杜马蒂环礁发育图文对照

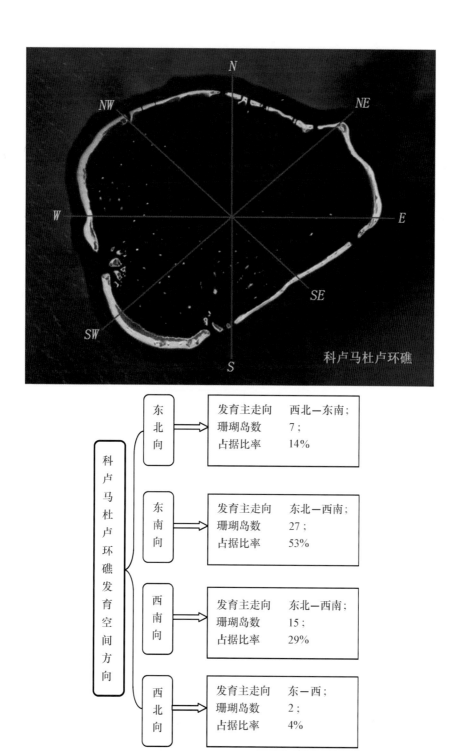

图5.32 科卢马杜卢环礁发育图文对照

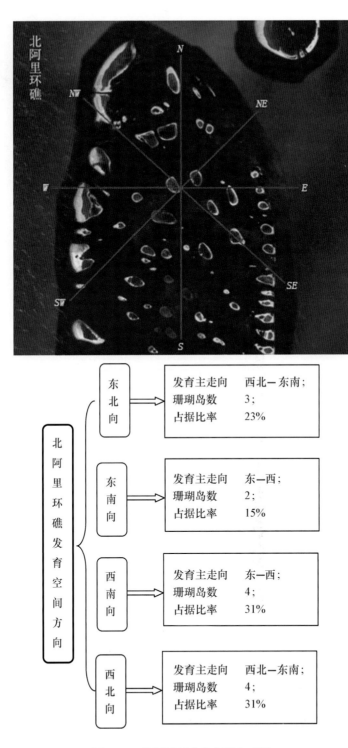

图 5.33　北阿里环礁发育图文对照

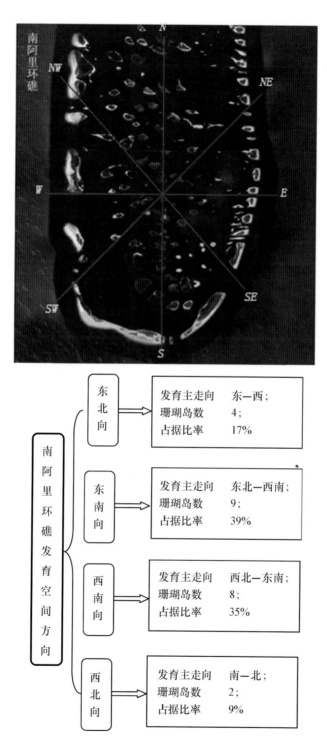

图 5.34　南阿里环礁发育图文对照

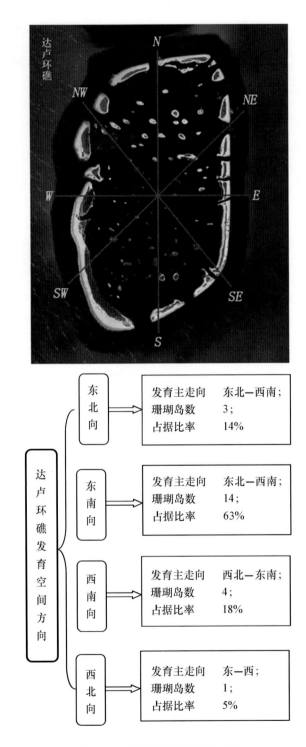

图 5.35　达卢环礁发育图文对照

# 附件1 马尔代夫群岛中珊瑚岛礁及类别

马尔代夫群岛总计 1 192 个岛屿。其中分:有人居住岛屿、无人居住岛屿、消失的岛屿
(源于海平面上升抑或岛屿合并等)。以行政区划/环礁及其所属岛屿细目分列于下:

## 1. North Thiladhunmathi (HA) (Haa Alif Atoll,哈阿里夫环礁)

(1)有人居住岛屿

Baarah、Dhiddhoo(capital of Haa Alifu Atoll)、Filladhoo、Hoarafushi、Ihavandhoo、Kelaa、
Maarandhoo、Mulhadhoo、Muraidhoo、Thakandhoo、Thuraakunu、Uligamu、Utheemu、Vashafaru

(2)无人居住岛屿

Alidhoo、Alidhuffarufinolhu、Berinmadhoo、Beenaafushi、Dhapparu、Dhapparuhuraa、Dhigufa-
ruhuraa、Dhonakulhi、Gaafushi、Gaamathikulhudhoo、Gallandhoo、Govvaafushi、Hathifushi、Huraa、
Huvahandhoo、Innafinolhu、Kudafinolhu、Maafahi、Maafinolhu、Madulu、Manafaru、Matheerah、Med-
hafushi、Mulidhoo、Naridhoo、Umaraiffinolhu、Ungulifinolhu、Vagaaru、Velifinolhu

(3)消失岛屿

Gasthirifinolhu、Gudhanfushi、Nasfaru、Thiladhoo(now part of Dhiddhoo)、Thinadhoo

## 2. North Maalhosmadulu (R) (Raa Atoll,北马洛斯马杜卢环礁)

(1)有人居住岛屿

Alifushi、Angolhitheemu、Fainu、Hulhudhuffaaru、Inguraidhoo、Innamaadhoo、Dhuvaafaru、
Kinolhas、Maakurathu、Maduvvaree、Meedhoo、Rasgetheemu、Rasmaadhoo、Ungoofaaru(capital of
Raa Atoll)、Vaadhoo

(2)无人居住岛屿

Aarah、Arilundhoo、Badaveri、Bodufarufinolhu、Bodufenmaaenboodhoo、Bodufushi、Bodu-
haiykodi、Boduhuraa、Ekurufushi、Etthingili、Dhigali、Dhoragali、Dheburidheythereyvaadhoo、
Dhikkurendhdhoo、Dhinnaafushi、Faarafushi、Fasmendhoo、Fenfushi、Filaidhoo、Fuggiri、Furaveri、
Gaaudoodhoo、Giraavaru、Goyyafaru、Guboshi、Hiraveri、Hulhudhoo、Huruvalhi、Ifuru、Kandholhud-
hoo、Kaddogadu、Kothaifaru、Kottafaru、Kottefaru、Kudafushi、Kudahaiykodi、Kudakurathu、Kudal-
hosgiri、Kudathulhaadhoo、Kukulhudhoo、Kuroshigiri、Lhaanbugali、Lhaanbugau、Lhohi、Liboakand-
hoo、Lundhufushi、Maafaru、Maamigili、Maamunagaufinolhu、Maanenfushi、Maashigiri、Madivaafa-
ru、Mahidhoo、Meedhupparu、Muravandhoo、Mullaafushi、Neyo、Thaavathaa、Ugulu、Uthurumaafaru、
Vaffushihuraa、Vandhoo、Veyvah、Viligili、Wakkaru

(3)消失岛屿

Boduhuraa、Ethigandujehihuraa、Fasgandufarufinolhu、Furaverumeehungemaafaru、Gaaviligil-

igaathurah、Huruvalhigaathurah、Inguraidhookudadhiffushi、Kandhoomeehungelhaanbugali、Kurred-
hupparu

### 3. South Maalhosmadulu（B）（Baa Atoll,南马洛斯马杜卢环礁）

（1）有人居住岛屿

Dharavandhoo、Dhonfanu、Eydhafushi（capital of Baa Atoll）、Fehendhoo、Fulhadhoo、Goid-
hoo、Hithaadhoo、Kamadhoo、Kendhoo、Kihaadhoo、Kudarikilu、Maalhos、Thulhaadhoo

（2）无人居住岛屿

Ahivaffushi、Aidhoo、Anhenunfushi、Bathalaa、Bodufinolhu、Boifushi、Dhakendhoo、Dhandhoo、
Dhigufaruvinagandu、Dhunikolhu、Enboodhoo、Fehenfushi、Finolhas、Fonimagoodhoo、Fulhadhoorah
kairi finonolhu、Funadhoo、Gaagandufaruhuraa、Gaavillingili、Gemendhoo、Hanifaru、Hanifarurah、
Hibalhidhoo、Hirundhoo、Horubadhoo、Hulhudhoo、Innafushi、Kanifusheegaathu finolhu、Kanifushi、
Kashidhoogiri、Keyodhoo、Kihaadhufaru、Kihavah－huravalhi、Kudadhoo、Kunfunadhoo、Landaagi-
raavaru、Lunfares、Maaddoo、Maafushi、Maamaduvvari、Maarikilu、Madhirivaadhoo、Medhufinolhu、
Mendhoo、Milaidhoo、Miriandhoo、Muddhoo、Muthaafushi、Nibiligaa、Olhugiri、Thiladhoo、Ufuligiri、
Undoodhoo、Vakkaru、Velivarufinolhu、Veyofushee、Vinaneih－faruhuraa、Voavah

（3）消失岛屿

Boadhaafusheefinolhu、Dhoogandufinolhu、Dhorukandu'dhekunuhuraa、Dhorukandu'uthuruhuraa、
Goidhoohuraa、Hithadhoohuraa、Hithadookudarah、Kalhunaiboli、Lhavadhookandurah、Velavaru

### 4. North Ari Atoll（AA）（Alif Alif Atoll,北阿里环礁）

（1）有人居住岛屿

Bodufulhadhoo、Feridhoo、Himandhoo、Maalhos、Mathiveri、Rasdhoo（capital of Alif Alif At-
oll）、Thoddoo、Ukulhas、Fesdhoo

（2）无人居住岛屿

Alikoirah、Bathalaa、Beyrumadivaru、Dhin－nolhufinolhu、Ellaidhoo、Etheramadivaru、Fusfin-
olhu、Fushi、Gaagandu、Gaathufushi、Gangehi、Halaveli、Kandholhudhoo、Kudafolhudhoo、Kura-
mathi、Maagaa、Maayyafushi、Madivarufinolhu、Madoogali、Mathivereefinolhu、Meerufenfushi、Mush-
imasgali、Rasdhoo madivaru、Velidhoo、Veligandu、Vihamaafaru

（3）消失岛屿

Bathalaamaagau、Faanumadugau、Fushifarurah、Gaahuraafussari、Gonaagau、Huraadhoo、
Kubuladhi、Kudafalhufushi、Kurolhi、Orimasfushi、Ukulhasgaathufushi

### 5. South Ari Atoll（ADh）（Alif Dhaal Atoll,南阿里环礁）

（1）有人居住岛屿

Dhangethi（Island of Moon）、Dhiddhoo、Dhigurah、Fenfushi、Haggnaameedhoo、Kunburud-
hoo、Maamingili、Mahibadhoo（capital of Alif Dhaal Atoll）、Mandhoo、Omadhoo

（2）无人居住岛屿

Alikoirah、Angaagaa、Ariadhoo、Athurugau、Bodufinolhu、Bodukaashihuraa、Bulhaaholhi、Dhehasanulunboihuraa、Dhiddhoofinolhu、Dhiffushi、Dhiggiri、Enboodhoo、Finolhu、Gasfinolhu、Heenfaru、Hiyafushi、Hukurudhoo、Hurasdhoo、Huruelhi、Huvahendhoo、Innafushi、Kalhuhandhihuraa、Kudadhoo、Kudarah、Maafushivaru、Machchafushi、Medhufinolhu、Mirihi、Moofushi、Nalaguraidhoo、Rahddhiggaa、Rangali、Rangalifinolhu、Rashukolhuhuraa、Theluveligaa、Tholhifushi、Thundufushi、Vakarufalhi、Vilamendhoo、Villingili、Villinglivaru

（3）消失岛屿

Aafinolhu、Aufushi、Faruhukuruvalhi、Hithifushi、Huraadhoo、Kalaafushi、Kudadhoo、Medhafushi、Theyofulhihuraa

## 6. North Nilandhe Atoll（F）（Faafu Atoll,北尼兰杜环礁）

（1）有人居住岛屿

Bileddhoo、Dharanboodhoo、Feeali、Magoodhoo、Nilandhoo（capital of Faafu Atoll）

（2）无人居住岛屿

Badidhiffusheefinolhu、Dhiguvarufinolhu、Enbulufushi、Faanuvaahuraa、Filitheyo、Himithi、Jinnathugau、Kandoomoonufushi、Maafushi、Maavaruhuraa、Madivaruhuraa、Makunueri、Minimasgali、Villingilivarufinolhu、Voshimasfalhuhuraa

（3）消失岛屿

Boduhuraa、Dhiguvaru、Feealeehuraa、Hukeraa、Kudafari、Madivarufinolhu

## 7. South Nilandhe Atoll（Dh）（Dhaalu Atoll,南尼兰杜环礁）

（1）有人居住岛屿

Bandidhoo、Gemendhoo、Hulhudheli、Kudahuvadhoo（capital of Dhaalu Atoll）、Maaenboodhoo、Meedhoo、Rinbudhoo

（2）无人居住岛屿

Aloofushi、Bodufushi、Bulhalafushi、Dhebaidhoo、Dhoores、Enboodhoofushi、Faandhoo、Gaadhiffushi、Hiriyanfushi、Hudhufusheefinolhu、Hulhuvehi、Issari、Kandinma、Kanneiyfaru、Kedhigandu、Kiraidhoo、Lhohi、Maadheli、Maafushi、Maagau、Maléfaru、Meedhuffushi、Minimasgali、Naibukaloabodufushi、Olhufushi、Olhuveli、Thilabolhufushi、Thinhuraa、Uddhoo、Valla、Vallalhohi、Vaanee、Velavaroo（Velavaru）、Vonmuli

（3）消失岛屿

Maadhelihuraa、Madivaru、Madivaruhuraa、Naibukaloakudafushi

## 8. Kolhumadulu（Th）（Thaa Atoll,塔环礁,科卢马杜环礁）

（1）有人居住岛屿

Burunee、Vilufushi、Madifushi、Dhiyamingili、Guraidhoo、Gaadhiffushi、Thimarafushi、Veymandoo（capital of Thaa Atoll）、Kinbidhoo、Omadhoo、Hirilandhoo、Kandoodhoo、Vandhoo

（2）无人居住岛屿

Bodufinolhu、Bodurehaa、Dhiffushi、Dhonanfushi、Dhururehaa、Ekuruffushi、Elaa、Fenfushi、Fenmeerufushi、Fonaddoo、Fondhoo、Fonidhaani、Fushi、Gaalee、Gaathurehaa、Hathifushi、Hiriyanfushi、Hodelifushi、Hulhiyanfushi、Kaaddoo、Kadufushi、Kafidhoo、Kakolhas、Kalhudheyfushi、Kalhufahalafushi、Kandaru、Kani、Kanimeedhoo、Kolhufushi－1、Kolhufushi－2、Kudadhoo、Kudakaaddoo、Kudakibidh、Kurandhuvaru、Kuredhifushi、Lhavaddoo、Maagulhi、Maalefushi、Mathidhoo、Medhafushi、Olhudhiyafushi、Olhufushi、Olhufushi－finolhu、Olhugiri、Ruhththibirah、Thinkolhufushi、Ufuriyaa、Usfushi、Vanbadhi

（3）消失岛屿

Filaagandu、Kandoodhookuraa、Keyovah'rah、Kolhuvanbadhi、Kudaburunee、Kudadhiyanmigili

## 9. South Thiladhunmathi（HDh）（Haa Dhaalu Atoll,蒂拉杜马杜卢环礁）

（1）有人居住岛屿

Finey、Hanimaadhoo、Hirimaradhoo、Kulhudhuffushi（capital of Haa Dhaalu Atoll and that of the Mathi－Uthuru Province）、Kumundhoo、Kunburudhoo、Makunudhoo、Naivaadhoo、Nellaidhoo、Neykurendhoo、Nolhivaram、Nolhivaranfaru、Vaikaradhoo

（2）无人居住岛屿

Bodunaagoashi、Dafaru Fasgandu、Dhorukanduhuraa、Faridhoo、Fenboahuraa、Hirinaidhoo、Hondaafushi、Hondaidhoo、Innafushi、Kamana、Kattalafushi、Kaylakunu、Kudamuraidhoo、Kudanaagoashi、Kurinbi、Maavaidhoo、Muiri、Rasfushi、Ruffushi、Vaikaramuraidhoo、Veligandu、Dhipparafushi

（3）消失岛屿
Bileddhoo

## 10. North Miladhunmadulu（Sh）（Shaviyani Atoll,北米拉杜马杜卢环礁）

（1）有人居住岛屿

Bileffahi、Feevah、Feydhoo、Foakaidhoo、Funadhoo（capital of Shaviyani Atoll）、Goidhoo、Kanditheemu、Komandoo、Lhaimagu、Maaungoodhoo、Maroshi、Milandhoo、Narudhoo、Noomaraa

（2）无人居住岛屿

Bis Huraa、Dhigu Rah、Dhiguvelldhoo、Dholhiyadhoo、Dholhiyadhoo Kudarah、Dhonveli－huraa、Ekasdhoo、Eriyadhoo、Farukolhu、Fushifaru、Firunbaidhoo、Gaakoshinbi、Gallaidhoo、Hirubadhoo、Hurasfaruhuraa、Kabaalifaru、Keekimini、Killissafaruhuraa、Kudalhaimendhoo、Madidhoo、Madikurendhdhoo、Mathikomandoo、Maakandoodhoo、Medhurah、Medhukunburudhoo、Migoodhoo、Naainfarufinolhu、Nalandhoo、Naruibudhoo、Neyo、Vagaru

（3）消失岛屿

Bileddhoo、Gallaidhookudarah、Gonaafushi、Killisfaru'rahgandu

## 11. South Miladhunmadulu（N）（Noonu Atoll,南米拉杜马杜卢环礁）

（1）有人居住岛屿

Foddhoo、Henbandhoo、Holhudhoo、Kendhikolhudhoo、Kudafaree、Landhoo、Lhohi、Maafaru、Maalhendhoo、Magoodhoo、Manadhoo（capital of Noonu Atoll）、Miladhoo、Velidhoo

（2）无人居住岛屿

Badadhidhdhoo、Bodufushi、Bodulhaimendhoo、Bomasdhoo、Burehifasdhoo、Dheefuram、Dhelibehuraa、Dhekenanfaru、Dhigurah、Dhonaerikandoodhoo、Ekulhivaru、Farumuli、Felivaru、Fodhidhipparu、Fushivelavaru、Gallaidhoofushi、Gemendhoo、Goanbilivaadhoo、Holhumeedhoo、Huivani、Hulhudhdhoo、Huvadhumaavattaru、Iguraidhoo、Kuddarah、Kadimmahuraa、Kalaidhoo、Karimma、Kedhivaru、Koalaa、Kolhufushi、Kudafunafaru、Kudafushi、Kunnamaloa、Kuramaadhoo、Kuredhivaru、Loafaru、Maafunafaru、Maakurandhoo、Maavelavaru、Medhafushi、Medhufaru、Minaavaru、Orimasvaru、Orivaru、Raafushi、Raalulaakolhu、Randheli、Thaburudhoo、Thaburudhuffushi、Tholhendhoo、Thoshigadukolhu、Vattaru、Vavathi、Vihafarufinolhu

（3）消失岛屿

Dhigufaruvinagandu、Holhumeedhoo

## 12. Faadhippolhu（Lh）（Lhaviyani Atoll，法迪福卢环礁）

（1）有人居住岛屿

Hinnavaru、Kurendhoo、Naifaru（capital of Lhaviyani Atoll）、Olhuvelifushi

（2）无人居住岛屿

Aligau、Bahurukabeeru、Bodhuhuraa、Bodufaahuraa、Bodugaahuraa、Dhidhdhoo、Dhirubaafushi、Diffushi、Faadhoo、Fainuaadham – Huraa、Fehigili、Felivaru（capital of the Uthuru Province）、Fushifaru、Gaaerifaru、Govvaafushi、Hadoolaafushi、Hiriyadhoo、Hudhufushi、Huravalhi、Kalhumanjehuraa、Kalhuoiyfinolhu、Kanifushi、Kanuhuraa、Komandoo、Kudadhoo、Kuredhdhoo、Lhohi、Lhossalafushi、Maabinhuraa、Maafilaafushi、Maavaafushi、Madhiriguraidhoo、Madivaru、Maduvvari、Maidhoo、Mayyafushi、Medhadhihuraa、Medhafushi、Meedhaahuraa、Mey – yyaafushi、Musleygihuraa、Ookolhufinolhu、Raiyruhhuraa、Selhlhifushi、Thilamaafushi、Varihuraa、Vavvaru、Veligadu、Veyvah、Vihafarufinolhu

（3）消失岛屿

Aligauhuraagandu、Bahurukabiru、Bulhalaafushi、Ruhelhifushi

## 13. Male'（K）Atoll（Kaafu Atoll，马累环礁）

（1）有人居住岛屿

Dhiffushi、Gaafaru、Gulhi、Guraidhoo、Himmafushi、Huraa、Kaashidhoo、Malé（capital of the Maldives）、Maafushi（capital of the Medhu – Uthuru Province）、Thulusdhoo

（2）无人居住岛屿

Aarah、Akirifushi、Asdhoo、Baros、Bandos、Biyaadhoo、Bodubandos、Bodufinolhu、Boduhithi、Boduhuraa、Bolifushi、Dhigufinolhu、Dhoonidhoo、Ehrruh – haa、Enboodhoo、Enboodhoofinolhu、Eriyadhoo、Farukolhufushi、Feydhoofinolhu、Fihalhohi、Funadhoo、Furan – nafushi、Gasfinolhu、Giraavaru、Girifushi、Gulheegaathuhuraa、Helengeli、Henbadhoo、Hulhulé、Huraagandu、Ihuru、Kagi、Kalhuhuraa、Kandoomaafushi、Kanduoih – giri、Kanifinolhu、Kanuhuraa、Kodhipparu、Kudabandos、Kudafinolhu、Kudahithi、Kudahuraa、Lankanfinolhu、Lankanfushi、Lhohifushi、Lhosfushi、Maadhoo、Madivaru、Mahaanaélhihuraa、Makunudhoo、Makunufushi、Maniyafushi、Medhufinolhu、Meerufenfushi、Nakachchaafushi、Olhahali、Olhuveli、Oligandufinolhu、Ran – naalhi、Rasfari、Thanburudhoo、Thilafushi、Thulhaagiri、Vaadhoo、Vaagali、Vabbinfaru、Vabboahuraa、Vammaafushi、Velassaru、Velifaru、Veliganduhuraa、Vihamanaafushi、Villingilimathidhahuraa、Villingilivau、Ziyaaraiffushi

## 14. Felidhu Atoll（V）（Vaavu Atoll, 费利杜环礁）

（1）有人居住岛屿

Felidhoo（capital of Vaavu Atoll）、Fulidhoo、Keyodhoo、Rakeedhoo、Thinadhoo

（2）无人居住岛屿

Aarah、Alimathaa、Anbaraa、Bodumohoraa、Dhiggiri、Fussfaruhuraa、Hingaahuraa、Hulhidhoo、Kuda – anbaraa、Kudhiboli、Kunavashi、Maafussaru、Medhugiri、Thunduhuraa、Raggadu、Ruhhuri-huraa、Vashugiri、Vattaru

（3）消失岛屿

Aahuraa、Hinagaakalhi、Kahanbufushi、Klahuhuraa、Kolhudhuffushi、Kudadhiggaru、Kudafuss-faruhuraa

## 15. Mulakatholhu（M）（Meemu Atoll, 穆拉库环礁）

（1）有人居住岛屿

Boli Mulah、Dhiggaru、Kolhufushi、Madifushi、Maduvvaree、Muli（capital of Meemu Atoll and of the Medhu Province）、Naalaafushi、Raimmandhoo、Veyvah

（2）无人居住岛屿

Boahuraa、Dhekunuboduveli、Dhiththudi、Erruh – huraa、Fenboafinolhu、Fenfuraaveli、Gaahuraa、Gasveli、Gongalu Huraa、Haafushi、Hakuraahuraa、Hurasveli、Kekuraalhuveli、Kudadhi-gandu、Kurali、Kudausfushi、Maahuraa、Maalhaveli、Maausfushi、Medhufushi、Raabandhihuraa、Seedhihuraa、Seedhihuraaveligandu、Thuvaru、Uthuruboduveli、Veriheybe

（3）消失岛屿

Boduvela、Dhonveliganduhuraa、Vah'huruvalhi

## 16. Hadhdhunmathi（L）（Laamu Atoll, 哈杜马蒂环礁）

（1）有人居住岛屿

Dhanbidhoo、Fonadhoo、Gaadhoo、Gan（capital of the Mathi – Dhekunu Province）、Hithadhoo（capital of Laamu Atoll）、Isdhoo、Kunahandhoo、Maabaidhoo、Maamendhoo、Maavah、Mundoo

（2）无人居住岛屿

Athahédha、Berasdhoo、Bileitheyrahaa、Bodufenrahaa、Bodufinolhu、Boduhuraa、Bodumaabul-hali、Bokaiffushi、Dhekunu Vinagandu、Faés、Fonagaadhoo、Fushi、Gasfinolhu、Guraidhoo、Han-hushi、Hedha、Holhurahaa、Hulhimendhoo、Hulhisdhoo、Hulhiyandhoo、Kaddhoo、Kalhuhuraa、Kalaidhoo、Kandaru、Kudafares、Kudafushi、Kudahuraa、Kudakalhaidhoo、Kukurahaa、Maakaulhu-veli、Maandhoo、Maaveshi、Mahakanfushi、Medhafushi、Medhoo、Medhufinolhu、Medhuvinagandu、Munyafushi、Olhutholhu、Olhuveli、Thunburi、Thundudhoshufushi  Nolhoo/Thundudhoshufinolhu、Uthuruvinagandu、Uvadhevifushi、Vadinolhu、Veligandufinolhu、Ziyaaraiffushi

（3）消失岛屿

Aahuraa、Aarahaa、Boduboahuraa、Bodumahigulhi、Dhurudhandaaikandaagerah、Hassanbey'rah、Ihadhoo、Kerendhoo、Kokrahaaoiyythaafinolhu、Kudamahigulhi、Sathugalu、Vadinolhuhuraa

## 17. North Huvadhu Atoll（GA）（Gaafu Alif Atoll，北苏瓦迪瓦环礁）

（1）有人居住岛屿

Dhaandhoo、Dhevvadhoo、Gemanafushi、Kanduhulhudhoo、Kolamaafushi、Kondey、Maamendhoo、Nilandhoo、Vilingili（capital of Gaafu Alif Atoll）

（2）无人居住岛屿

Araigaiththaa、Baavandhoo、Baberaahuttaa、Bakeiththaa、Beyruhuttaa、Beyrumaddoo、Bihuréhaa、Boaddoo、Bodéhuttaa、Budhiyahuttaa、Dhevvalaabadhoo、Dhevvamaagalaa、Dhigémaahuttaa、Dhigudhoo、Dhigurah、Dhiyadhoo、Dhonhuseenahuttaa、Falhumaafushi、Falhuverrehaa、Farudhulhudhoo、Fénéhuttaa、Fenrahaa、Fenrahaahuttaa、Funadhoovillingili、Funamaddoo、Galamadhoo、Haagevillaa、Hadahaa、Hagedhoo、Heenamaagalaa、Hirihuttaa、Hithaadhoo、Hithaadhoogalaa、Hulhimendhoo、Hunadhoo、Hurendhoo、Idimaa、Innaréhaa、Kalhehuttaa、Kalhudhiréhaa、Kanduvillingili、Keesseyréhaa、Kendheraa、Koduhuttaa、Kondeymatheelaabadhoo、Kondeyvillingili、Kudalafari、Kuddoo、Kudhébondeyyo、Kudhéfehélaa、Kudhéhuttaa、Kureddhoo、Lhossaa、Maadhiguvaru、Maaféhélaa、Maagehuttaa、Maakanaarataa、Maamutaa、Maarandhoo、Maaréhaa、Mahaddhoo、Maththidhoo、Maththuréhaa、Médhuburiyaa、Médhuhuttaa、Medhuréhaa、Melaimu、Meradhoo、Minimensaa、Munaagala、Munandhoo、Odagallaa、Raaverrehaa、Rinbidhoo、Thinrukéréhaa、Uhéréhaa、Viligillaa、Vodamulaa

（3）消失岛屿

Aligalehuttaa、Falhukolhurataa、Galuréhaa、Havvaadhiyekuyyaakéeranahthedhinerehaa、Kakadihcrchuttaa、Odafuttaa、Parehulhedhoo、Thabaidhoo、Vagaathugalfuttaa、Viligili

## 18. South Huvadhu Atoll（GDh）（Gaafu Dhaalu Atoll，南苏瓦迪瓦环礁）

（1）有人居住岛屿

Fares－Maathodaa、Fiyoaree、Gaddhoo、Hoandeddhoo、Madaveli、Nadellaa、Rathafandhoo、Thinadhoo（capital of Gaafu Dhaalu Atoll and of the Medhu－Dhekunu Province）、Vaadhoo

（2）无人居住岛屿

Aakiraahuttaa、Athihuttaa、Badéfodiyaa、Barahuttaa、Baulhagallaa、Bodehuttaa、Bodérehaa、Bolimathaidhoo、Dhékanbaa、Dhérékudhéhaa、Dhigérehaa、Dhigulaabadhoo、Dhinmanaa、Dhiyanigilllaa、Dhonigallaa、Dhoonirehaa、Ehéhuttaa、Ekélondaa、Faahuttaa、Faanahuttaa、Faathiyéhuttaa、Faréhulhudhoo、Farukoduhuttaa、Fatéfandhoo、Femunaidhoo、Fenevenehuttaa、Féreythavilingillaa、Fonahigillaa、Gaazeeraa、Gan、Gehémaagalaa、Gehévalégalaa、Golhaallaa、Haadhoo、Hadahaahuttaa、Hakandhoo、Handaidhoo、Havoddaa、Havodigalaa、Hevaahulhudhoo、Hiyanigilihuttaa、Hoothodéyaa、Hulheddhoo、Hunigondiréhaa、Isdhoo、Kaadeddhoo、Kaafaraataa、Kaafénaa、Kaalhéhutta、Kaalhéhuttaa、Kaashidhoo、Kadahalagalaa、Kadévaaréhaa、Kalhaidhoo、Kalhéfalaa、

Kalhehigillaa、Kalhéhuttaa、Kalhéréhaa、Kanandhoo、Kandeddhoo、Kannigilla、Kautihulhudhoo、Kélaihuttaa、Keraminthaa、Kereddhoo、Kéyhuvadhoo、Kodaanahuttaa、Kodédhoo、Kodégalaa、Koduhutigallaa、Kodurataa、Konontaa、Kudhé － ehivakaa、Kudhéhulheddhoo、Kudhélifadhoo、Kudhérataa、Kudhukélaihuttaa、Kurikeymaahuttaa、Laihaa、Lifadhoo、Lonudhoo、Lonudhoohuttaa、Maadhoo、Maaéhivakaa、Maagodiréhaa、Maahéraa、Maahutigallaa、Maarehaa、Maavaarulaa、Maaveddhoo、Maguddhoo、Mainaadhoo、Mallaaréhaa、Mariyankoyya Rataa、Mathaidhoo、Mathihuttaa、Mathikera － nanahuththaa、Meehunthibenehuttaa、Menthandhoo、Meragihuttaa、Meyragilla、Mudhimaahuttaa、Odavarrehaa、Oinigillaa、Olhimuntaa、Olhurataa、Raabadaaféhéreehataa、Rahadhoo、Ralhéodagallaa、Ṛeddhahuttaa、Rodhevarrehaa、Thelehuttaa、Thinehuttaa、Ukurihuttaa、Ulégalaa、Vairéyaadhoo、Vatavarrehaa、Veraavillingillaa、Villigalaa

（3）消失岛屿

Boduréhaabokkoyyaa、H evanaréhaa、Isdhuvaa、Maaodagalaa、Keyhuvadhoo、Kudakokeréhaa、Kudhéhaadhu、Uheréhaa

## 19. Fuvahmulah（Gn）（Gnaviyani Atoll,福阿穆拉库岛）

（1）有人居住岛屿

Fuvahmulah（capital of Gnaviyani Atoll）:

→ Dhadimago → Diguvāndo → Hōdhado → Mādhado → Miskimmago → Funādo → Mālegan → Dūndigan

## 20. Addu City（Seenu Atoll,阿杜环礁）

（1）有人居住岛屿

Hithadhoo（capital of Addu City and of the Dhekunu Province、Maradhoo）、Maradhoo － Feydhoo（part of Maradhoo island）、Feydhoo、Hulhudhoo（Addu）、Meedhoo（Addu）

（2）无人居住岛屿

Aboohéra、Bodu Hajara、Boduhéragandu、Dhigihéra、Fahikédéhérangada、Gan、Gaukendi、Geskalhuhéra、Hankedé、Hankedé Hajara、Heré － théré、Hikahera、Kafathalhaa Héra、Kandihera、Kédévaahéra、Koahera、Kuda、Kandihéréganda、Maahera、Maamendhoo、Madihéra、Mulikédé、Savaaheli、Vashahéra、Villingili

（3）消失岛屿

Feylihikkikudhumaahéra、Geskahahéra － kudakalhahéra

＊引自《List of islands of the Maldives》文献编辑　　　　　作者

·160·

# 附录2  环礁、岛、礁地名与特定专业名称索引

＊个别环礁或岛礁有别称——作者注。

# 主要参考文献

彬彬．太空照片揭示马尔代夫受海平面上升威胁．新浪科技,2010 - 03 - 02

陈史坚．南海诸岛的五类珊瑚礁．南海研究与开发,1987,1

H. 范隆．大洋气候．北京:海洋出版社,1990

韩心志．航天多光谱遥感．北京:宇航出版社,1991

胡著智,王慧麟,陈钦峦．遥感技术与地学应用．南京:南京大学出版社,1999

刘宝银,郝庆祥,王岩峰．南沙珊瑚岛礁空间结构的遥感信息树模型研究．海洋学报,1997,19(5)

刘宝银,王岩峰．南沙群岛封闭环礁空间结构演化的遥感复合信息与模型Ⅰ．海洋学报,1998,20(2)

林炳耀编著．计量地理学概论．北京:高等教育出版社,1985

李红编译．地理信息的适用性确定．测绘通报,1999,9

刘金芳,俞慕耕,张学宏,赵海青．北印度洋风浪场特点及最佳航线分析．热带海洋,1998,17(1)

李军,周成虎．地学数据特征分析．地理科学,1999,19(2)

李培,张弦,俞慕耕．北印度洋气候特点分析．海洋预报,2003,20(3)

林锡贵,张庆荣,蔡亲炳．影响南沙及其邻近海区的东北季风．参看:南沙群岛及其邻近海区海洋环境研
　　究论文集(一)．武汉:湖北科学技术出版社,1991

人民网．海平面上升逼马尔代夫搬迁．2009 - 04 - 22

沈国英,施并章．海洋生态学(第二版)[M]．厦门:厦门大学出版社,1996

山里清著,李春生译．珊瑚礁生态系．海洋科学,1978,4

孙宗勋,赵焕庭．南沙群岛环礁上的波能分布与地貌发育的关系．参看:地貌、环境、发展．北京:中国环境
　　科学出版社,1995

王国忠．全球气候变化与珊瑚礁问题．海洋地质动态,2004,20(1)

王国忠．南海珊瑚礁区沉积学．北京:海洋出版社,2001

王明山,高俊国,卢毅．海岛管理信息系统用户需求分析．海岸工程．2006,25(2)

王岩峰,刘宝银．南沙群岛封闭环礁空间结构演化的遥感复合信息与模型Ⅱ．海洋学报,1998,20(3)

王圆圆,刘志刚,李京,陈云浩．珊瑚礁遥感研究进展．地球科学进展,2007,22(4)

薛春汀．21 世纪海面上升对珊瑚礁岛屿的影响和对策．海洋科学,2003,27(10)

薛春汀．富纳富提环礁阿马图库岛的海岸侵蚀．海洋地质与第四纪地质,2001,21(2)

张 超,杨秉赓．计量地理学基础．北京:高等教育出版社,1985

赵焕庭,宋朝景,朱袁智等．南沙群岛珊瑚礁地质地貌基本特征．北京:中国环境科学出版社,1995

赵焕庭主编．南沙群岛自然地理．北京:科学出版社,1996

赵焕庭,宋景朝,朱袁智．南沙群岛"危险地带"腹地珊瑚礁的地貌与现代沉积特征．第四纪研究,1992,4

赵焕庭．南沙群岛景观与区域古地理[J]．地理学报,1995,50(2)

朱述龙,张占睦．遥感图像获取与分析．北京:科学出版社,2000

增泽让太郎等著．物理海洋学．北京:科学出版社,1985

钟晋梁,陈欣树,张乔民,孙宗勋．南沙群岛珊瑚礁地貌研究．北京:科学出版社,1996

张乔民,余克服,施 祺,赵美霞．全球珊瑚礁监测与管理保护评述．热带海洋学报,2006,25(2)

张知彬. 物种数和面积纬度之间关系的研究. 生态学报,1995,15(3)

邹志仁主编. 信息学概论. 南京:南京大学出版社,1996

曾昭璇. 中国珊瑚礁研究的历史. 热带地貌,1984,1

曾昭璇. 南海环礁的若干地貌特征. 海洋通报,1984,3(3)

Andre Guilcher. Coral reef Geomorphology. New York: John Wiley & Sons Ltd,1988

Andró fou tS, Riegl B. Remote sensing: A key tool for interdisc – iplinary assess ment of coral reef processes[J]. Coral Reefs, 2004, 23

Clark C D, M umby P J, Chisholm J R M, et al . Spectral dis – cri mination of coralmortality states following a server bleaching e – vent [ J]. International Journal of Remote Sensing, 2000, 21

Cabanes C, Cazenave A, Provost C L. Sea level rise during past 40years determined from satellite and in situ observa – tion. Science, 2001, 294

Douglas B C. Global sea – level rise. Journal of Geophisical Research, 1991, 96(C4)

Hochberg E J, A tkinsonM J, Andró fout S. Spectral reflectance of coral reef bottom – typesworldwide and implications for coral reef remote sensing[ J]. Remote Sensing of Environment, 2003, 85

http://maps . google com(2010—2013)

http://schclar. Google com/schhphlzh – CN(2005—2013)

http://zh. wikipedia. org(2013)

Raper S C B, WigleyTM L, Warrick R A. Global sea level rise: past and future. In: Milliman J D, Haq B U (eds. ). Sea – Level Riseand Coastal Subsidence. Causes,Consequences, and Strategies. Dordrercht: Kluwer Academic Publishers, 1996. 11 – 45

Xue C T. Coastal erosion and management of Majuro Atoll,Marshall Islands. Journal of Coastal Research, 2001, 17(4)

Liu Baoyin,Wang Yanfeng etc. The remote sensing composite information entropy and types of Nansha coral reef atolls. Acta Oceanologica Sinica, 18(3)

Liu Baoyin,Wang Yanfeng. The remote sensing composite information of Nansha reef's closed atoll and the model of its spatial structure evolotion – Ⅰ. Acta Oceanologica Sinica, 1997,16(1)

Liu Baoyin, Wang Yanfeng, Hao Qingxiang. The Research on the remote sensing's information tree model of the Nansha coral islets & reef's. Acta Oceanologica Sinica, 1996, 15(3)